故宫经典 CLASSICS OF THE FORBIDDEN CITY
TRIBUTE TEA IN THE COLLECTION OF THE PALACE MUSEUM

故宫贡茶图典

故宫博物院编
COMPILED BY THE PALACE MUSEUM
故宫出版社
THE FORBIDDEN CITY PUBLISHING HOUSE

图书在版编目（CIP）数据

故宫贡茶图典 / 故宫博物院编；王亚民，陈丽华主编.
—— 北京：故宫出版社，2022.2
（故宫经典）
ISBN 978-7-5134-1460-9

Ⅰ．①故… Ⅱ．①故… ②王… ③陈… Ⅲ．①宫廷－
茶文化－中国－明清时代－图集 Ⅳ．① TS971.21-64

中国版本图书馆 CIP 数据核字 (2021) 第 268828 号

《故宫贡茶图典》编委会

主　编　王亚民　陈丽华

副主编　张朝斌　李　飞　万秀锋

编　委　严　勇　郭福祥　许　静　滕德永　王　慧　王宜若
　　　　刘　栩　陈兴武　徐青子　王晓杰

故宫经典
故宫贡茶图典
故宫博物院 编
王亚民 陈丽华 主编

出 版 人：王亚民
责任编辑：徐　海　章丹露
装帧设计：赵　谦
图片资料：故宫博物院数字与信息部
责任印制：常晓辉　顾从辉
出版发行：故宫出版社
　　　　　地址：北京市东城区景山前街 4 号　邮编：100009
　　　　　电话：010-85007800　010-85007817
　　　　　邮箱：ggcb@culturefc.cn
制版印刷：北京雅昌艺术印刷有限公司
开　　本：889 毫米 ×1194 毫米　1/12
印　　张：22
字　　数：100千字
图　　数：208幅
版　　次：2022 年 2 月第 1 版
　　　　　2022 年 2 月第 1 次印刷
印　　数：1-4,000 册
书　　号：ISBN 978-7-5134-1460-9
定　　价：460.00 元

经典故宫与《故宫经典》 郑欣淼

故宫文化,从一定意义上说是经典文化。从故宫的地位、作用及其内涵看,故宫文化是以皇帝、皇宫、皇权为核心的帝王文化、皇家文化,或者说是宫廷文化。皇帝是历史的产物。在漫长的中国封建社会里,皇帝是国家的象征,是专制主义中央集权的核心。同样,以皇帝为核心的宫廷是国家的中心。故宫文化不是局部的,也不是地方性的,无疑属于大传统,是上层的、主流的,属于中国传统文化中最为堂皇的部分,但是它又和民间的文化传统有着千丝万缕的关系。

故宫文化具有独特性、丰富性、整体性以及象征性的特点。从物质层面看,故宫只是一座古建筑群,但它不是一般的古建筑,而是皇宫。中国历来讲究器以载道,故宫及其皇家收藏凝聚了传统的特别是辉煌时期的中国文化,是几千年中国的器用典章、国家制度、意识形态、科学技术以及学术、艺术等积累的结晶,既是中国传统文化精神的物质载体,也成为中国传统文化最有代表性的象征物,就像金字塔之于古埃及、雅典卫城神庙之于希腊一样。因此,从这个意义上说,故宫文化是经典文化。

经典具有权威性。故宫体现了中华文明的精华,它的地位和价值是不可替代的。经典具有不朽性。故宫属于历史遗产,它是中华五千年历史文化的沉淀,蕴含着中华民族生生不已的创造和精神,具有不竭的历史生命。经典具有传统性。传统的本质是主体活动的延承,故宫所代表的中国历史文化与当代中国是一脉相承的,中国传统文化与今天的文化建设是相连的。对于任何一个民族、一个国家来说,经典文化永远都是其生命的依托、精神的支撑和创新的源泉,都是其得以存续和赓延的筋络与血脉。

对于经典故宫的诠释与宣传,有着多种的形式。对故宫进行形象的数字化宣传,拍摄类似《故宫》纪录片等影像作品,这是大众传媒的努力;而以精美的图书展现故宫的内蕴,则是许多出版社的追求。

多年来,故宫出版社(原名紫禁城出版社)出版了不少好的图书。同时,国内外其他出版社也出版了许多故宫博物院编写的好书。这些图书经过十余年甚至二十年的沉淀,在读者心目中树立了"故宫经典"的印象,成为品牌性图书。它们的影响并没有随着时间推移变得模糊起来,而是历久弥新,成为读者心中的经典图书。

于是,现在就有了故宫出版社(紫禁城出版社)的《故宫经典》丛书。《国宝》《紫禁城宫殿》《清代宫廷生活》《紫禁城宫殿建筑装饰——内檐装修图典》《清代宫廷包装艺术》等享誉已久的图书,又以新的面目展示给读者。而且,故宫博物院正在出版和将要出版一系列经典图书。随着这些图书的编辑出版,将更加有助于读者对故宫的了解和对中国传统文化的认识。

《故宫经典》丛书的策划,这无疑是个好的创意和思路。我希望这套丛书不断出下去,而且越出越好。经典故宫藉《故宫经典》使其丰厚蕴含得到不断发掘,《故宫经典》则赖经典故宫而声名更为广远。

目 录

贡茶故事多
——《故宫贡茶图典》序

王亚民

唐代陆羽的《茶经》，我在不同时期已阅读多遍了。这本书好确实是好，是为茶家所必读，但这本书对平常饮茶人来说到底远了、隔了。清人曹雪芹的《红楼梦》依稀上大学时，是与同好在一隅大槐树下一人一杯泛着橘红色茉莉花茶时的清谈，书中贾宝玉、林黛玉等不同人物的性格、命运，以及书中那些谈诗词、谈书画、谈园林、谈掌故、谈风俗、谈饮食的事，娓娓道来而腹笥渊然。

一

《红楼梦》是最生活的一部书，值得反复咀嚼，书中处处有油盐酱醋茶的描写，尤其是茶事活动，诸如煎茶、烹茶、茶祭、赠茶、待客、品茶比比皆是、栩栩如生，涉及茶的品类亦属不少，如贾母不喜欢饮的"六安茶"、怡红院常备的"普洱茶"、茜雪端上的"枫露茶"、黛玉房中的"龙井茶"，还有暹罗国进贡的"暹罗茶"，等等。书中关于栊翠庵里妙玉品茶的章节我尤为喜欢，每读一遍，恍若春游，她自是从烟凝柳拂之间走来的一位丽人、一位茶友。妙玉

用的茶是洞庭湖君山所产的老君眉，茶好喝，其形也能入画，清时列入贡茶，宫廷也在饮用；用的水也充满诗意，那是五年前在一场雪后，从梅花上收的雪，盛在图案似鬼脸青的花瓮里，埋在地下，当年夏天才打开饮用的；用的茶具也是珍奇，有明代官制五彩小盖盅、有犀角做成的点犀盉，还有用老竹根雕就的蟠虬盏。

妙玉的品茶，那是年轻时莘莘学子的一种憧憬和向往，到底与我们当今的生活离得太远了，只能是个美好的梦，永藏在记忆的深处了。后来步入社会，涉世愈深，愈发离不开茶，也愈发体悟到知堂老人《喝茶》的一番苦心了。他说："喝茶当于瓦屋纸窗下，清泉绿茶，用素雅的陶瓷茶具，同二三人共饮，得半日之闲，可抵十年的尘梦。喝茶之后，再去继续修各人的胜业，无论为名为利，都无不可，但偶然的片刻优游乃正亦断不可少。"我十分欣赏知堂老人的智慧之语，记得曾有连续六七年时间，我总是忙里偷闲，每到仲春桃红柳绿之际到杭州小住几日，赏西湖之美景、品龙井之茗茶，想起那段时光，梦也飘香。

二

在杭州饮茶时，由于出版人的职业习惯，便注意收集茶史资料，也曾到过西湖老龙井胡公庙考察，据说这里的十八棵茶树被乾隆帝敕封过，其茶叶便是御封的"贡茶"了。不过我来此地时，满眼绿色，茶树好像多了许多，其中有没有御封茶树，也未可知了。

乾隆帝确实喜爱茶，当他品尝了洞庭湖所产君山银针后，遂即御封为贡茶，让当地每年进奉十八斤；当他品尝了福建崇安的大红袍后，始嫌其名字不雅，当知道缘由后，欣然为之题匾；当他品尝了安溪乌龙茶后，御题赐名"铁观音"。从"铁观音"的茶名，可见乾隆帝是茶文化策划高手，他的这一能力应该是从其祖父康熙帝那里继承过来的。乾隆帝在位时期，仅重华宫所办的"三清茶宴"就有四十三次。传说在乾隆帝决定让出皇位给嘉庆帝时，一位老臣不无惋惜地劝谏道："国不可一日无君。"乾隆帝淡然说道："君不可一日无茶。"这个传说真实性如何，不可确考。轻抚那七字的感慨，这款深情的茗茶原该属他，也属于后世的黎民百姓。

大家熟知名茶"碧螺春"，但未必尽知这一富有诗意的茶名是乾隆帝的祖父康熙帝所取。据清人王应奎《柳南随笔》、陈康祺《郎潜纪闻》等有关典籍记载，碧螺春原来生长于洞庭东山碧螺峰的石隙夹缝间，冲泡后清香幽然、飘渺渺远，当地人以吴语惊呼"吓杀人香"，这四个字遂成为这款茶的茶名。康

清 丁观鹏等合画 弘历雪景行乐图轴

熙三十八年（1699）春，康熙帝南巡至此，江苏巡抚宋荦以当地最好的"吓杀人香"进奉。康熙帝品尝后顿感清香甘醇、沁人肺腑，不禁说道："好茶！"当他听说"吓杀人香"的茶名后，感到粗俗不雅，中国文化功底深厚的康熙帝，自然也熟悉古代文人的咏茶诗，如苏东坡《试焙新茶》"明月来投玉川子，

清乾隆　白地红彩御题诗盖碗

清风吹破武林春"，如李易安《小重山》"碧云笼碾玉成尘，留晓梦，惊破一瓯春"。"武林春"也好，"一瓯春"也罢，都是以诗意而喻茶叶，康熙帝或许受此启发，看到进奉的茶叶，色泽如碧、卷曲如螺，又是春天从碧螺峰上所采摘，欣然将它取名为"碧螺春"，一个无可复制的茶名，永恒地镌刻在记忆之上。

　　在中国历史的长河里，喜茶、爱茶的皇帝不止于清代的康熙、乾隆二帝。早在魏晋南北朝时，西晋的第二个皇帝惠帝司马衷（259—306），耽于玩乐、不理朝政，是个名副其实的傀儡皇帝。当时，皇室内乱不断，惠帝在战乱中屡被挟持，屡经磨难，据陆羽《茶经·七之事》记载："惠帝蒙尘，还洛阳，黄门以瓦盂盛茶上至尊。"惠帝贵为帝王，而在颠沛流离中，留下了陶碗饮茶的故事。

　　到了唐代，唐玄宗李隆基、唐代宗李豫对茶也是十分地喜欢。说起唐玄宗，最容易想到的就是白居易笔下《长恨歌》中他与杨玉环凄美旖旎的爱情故事，其实他生活中除了爱情外，还有一大嗜好就是品茶。据《梅妃传》记载，唐玄宗经常与嫔妃一起斗茶、品茶，足见他对茶的钟爱。人们或许不知，唐以前"荼"这个字就根本没有，相传从神农氏时起，茶叶一直被称为"荼"。几千年过去了，直到唐开元二十三年（735），唐玄宗颁布《开元文字音义》时御笔一挥，将"荼"改为"茶"。中唐以后，所有荼字意义的"荼"字都变为"茶"字。唐代宗李豫也十分喜爱茶，于是利用皇帝特权在人事上安排一些长于烹茶、精于品茶的人在宫中供职，以便随时品尝到优质的名茶，当他得知陆羽煎茶手艺好，便下诏令陆羽进宫烹茶，当陆羽煎煮了一壶好茶奉上时，唐代宗品后连连称赞不已。

　　宋代的宋徽宗，酷爱饮茶，精于茶道，善于点茶。在治理国家方面他不是行家，但他的艺术造诣极高，画好、字好，茶道也好。大观年间，他亲自写了一部关于茶的书，后人称之为《大观茶论》，这是中国历史上唯一一部以皇帝的身份撰写的茶叶专著。这本书不仅仅是珍贵的文献资料，而且还影响到了人们对茶味的审美，并将其带到了一个优雅而细腻的高度。

　　茶史上还有一位乞丐出身的皇帝不能忘，凭借着自己的努力和奋斗打拼出一片大明江山，他就是明代开国皇帝朱元璋。明太祖朱元璋是中国人励志典型、逆袭达人。他出身寒微，自小父母双亡，讨过饭、当过和尚，在饥寒交迫中、在枪林弹雨中，成为一代帝王。当了皇帝后，他看不惯宋代以降团茶这种形式，觉得太浪费、太奢侈，于是下了一道圣旨，倡导简便易行、省工省力的散茶，让团茶退出历史舞台。他以一己之力，改变了中国沿袭千年的王公贵族、文人雅士的饮茶习惯，使得茶文化从复杂烦琐走向简单自然，散茶开始从乡野走入殿堂。

中国历史上有四百多名皇帝，能青史留下美名的不多见，而以茶留名的更是少之又少。上述几位爱茶的皇帝不仅仅只是停留在嗜茶如命、玩茶如痴这一味觉浅层次上，他们中有的为茶写诗作赋、著书立说，有的改变了中国茶叶的历史，将饮茶提升到了精神文化层面。

自有茶以来，茶成为生活的一部分，黎民百姓饮茶，历朝皇帝、历代皇家也饮茶，他们用的茶一样吗？当然不一样了，皇家用茶不是普通的茶、是贡茶。那么什么是贡茶呢？故宫展现过清宫贡茶，想必那是当年皇帝喝的，我看了也想品品滋味，可是那是文物，动不得的，看看也好。在我眼前，一百年、二百年过去了，几代人匆匆走过，那一饼饼、一罐罐、一坨坨古茶，庶几跟昔日漱芳斋一弯紫檀的清香，不必高烛、不必诗赋、不必吟哦。

三

我们阅读古代典籍，以及欣赏民间说唱艺术，常

看到或听到"进贡"二字，查阅有关书籍，书里这样写道："进贡，这是指臣下或藩属国把物品进献给皇室，也称纳贡。"古代中国，茶叶是进贡的重要品种之一，据《华阳国志•巴志》记载，早在三千年前的西周，已经有诸侯小国向周王室进献贡茶之事，"周武王伐纣，实得巴蜀之师"，巴蜀人因作战勇敢、有功于周，被册封为诸侯。作为封侯国的巴国，照例向周王朝进贡，在一次纳贡清单里除了"土植五谷"，还有"茶"。纳贡具有明显的政治色彩，即所谓的"致邦国之用"，意味着君臣关系严格的等级秩序。不过，西周时期进献的"茶"也仅仅是贡茶的初起形式，尚未形成定制。

随着贡品需求量的不断增加，贡赋制度也变得逐渐严格起来。从"随山浚川，任土作贡"，最后发展到设官分职进行管理，即所谓"九赋""大贡"。大贡分为多种，计有"祀贡、嫔贡、器贡、币贡、材贡、货贡、服贡、物贡"，茶叶则是"物贡"中的一个重要品类。

西汉时，上层社会饮茶已蔚然成风，从汉人王褒《僮约》中"武阳买茶""烹茶尽具"，可隐约窥探到当时上层阶层的饮茶情况；长沙马王堆西汉墓中出土的"槚笥"，也间接反映了茶在贵族生活中的地位；后人的文学作品，诸如《飞燕外传》所述："咸帝崩后，后夕寝中惊啼其次。侍者呼问，方觉，乃言曰：吾梦中见帝，帝赐吾坐，命进茶。左右奏帝云，向者侍帝不谨，不合啜此茶。"

三国时期的吴国,其末代皇帝孙皓,每为飨宴"无不竟日,坐席无能否,率以七升为限,虽不悉入口,皆浇灌取尽。曜素饮酒不过三升,初见礼异时,常为裁减,或密赐茶荈以当酒"。这是陈寿《三国志·吴志》的原话。陈寿就是那个时代的人,他的记载应该是准确的,书中所说的孙皓所用之茶,无疑属于贡品一类。后来,还有"晋温峤上表贡茶千斤,茗三百斤"(宋·寇宗奭《本草衍义》),"温山出御荈"(刘宋·山谦之《吴兴记》)的记载,这说明三国两晋时期,贡茶在宫廷生活中已普遍使用了。

茶叶史上,唐代是一个值得大书特书的时代。那时的盛唐,大国风范、国泰民安,继六朝之后,江南土地得以迅速开发,"山且植茗,高下无遗土","给衣食,供赋役,悉恃祁之茗"。茶叶种植业迅速发展,家庭手工制茶作坊相继出现、茶叶商品化成为农产物中唯一典型,初步形成了区域化、专业化,为贡茶制度的形成奠定了物质基础。纳贡制度的理论依据是"溥天之下,莫非王土","食土之毛(指农产品),谁非君臣"。同时,在上古时代,农业是国家兴衰之关键,为了使劳力向农业倾斜,派生出贡茶、榷茶制度,成为抑商政策的重要支撑。贡茶从李唐王朝开始形成制度,历代相传,延续数百年之久。唐代贡茶制度有两种形式:

唐代宫廷选择茶叶品质优异的二十多个区域,作为定额纳贡的州,这些州的茶计有常州阳羡茶、湖州顾渚紫笋茶、睦州鸠坑茶、舒州天柱茶、宣州雅山茶、饶州浮梁茶、溪州灵溪茶、岳州邕州含膏、峡州碧涧茶、荆州团黄茶、雅州蒙顶茶、福州方山露芽。雅州蒙顶茶号称第一,名曰"仙茶"。常州阳羡茶、湖州紫笋茶同列第二。荆州团黄茶名列第三。朝廷在生态环境得天独厚、自然品质优异、产量相对集中、交通相对便捷的名茶产区,直接设立贡茶院,专业制作贡茶(即贡焙制)。湖州长兴顾渚山与常州宜兴唐贡山接壤,东临太湖、西北依山,峰峦叠翠、云雾弥漫,是茶树生长最佳的环境,所产"顾渚扑人鼻孔,齿颊都异,久而不忘"。

唐大历五年(770),朝廷在顾渚茶区域建构规模宏大、组织严密、管理精细、制作精良的贡茶院,贡茶院由"刺史主之,观察使总之",除朝廷指派官吏负责管理外,当地州长官也有义不容辞的督造之责。它是我国历史上第一座国营茶叶加工厂。制茶是有一定技术含量的,贡茶院的劳力来源是由政府控制的一部分茶叶专业户,临时以"和雇匠"方式入院造茶的。"雇者,日为绢三尺",依日纳资作为报酬。贡茶院"有房屋三十余间,役工三万人","工匠千余人"。袁高、杜牧曾出任湖州刺史,亲自督造过贡茶。杜牧《题宜兴茶山》诗云:"山实东南秀,茶称瑞草魁……溪尽停蛮棹,旗张卓翠苔……拂天闻笑语,特地见楼台。"把当时宜兴贡茶区的秀丽风光、繁荣景象描述得十分精到,给我们留下了一段诗写的历史。

入宋以来,贡茶依然沿袭唐制,但饮茶风俗已相当普及，"茶会""茶宴""斗茶"之风盛行，宋人熊蕃《宣和北苑贡茶录》载："圣朝开宝末，下南唐，太平兴国初，特置龙凤模，遣使即北苑造团茶，以别庶饮。"北苑生产的龙凤团饼茶，采制技术精益求精，年年花样翻新，名品达数十种之多，茶饼表面的花纹用纯金镂刻，且饰以龙凤花纹，栩栩如生，精湛绝伦。"小团凡二十饼重一斤，其价值金二两"。成品茶按质量好次分成十个等级，朝廷官员按职位高低分别被赏赐。

宋徽宗《大观茶论》云："本朝之兴，岁修建溪之贡，龙团凤饼，名冠天下……故近岁以来，采择之精，制作之工，品第之胜，烹点之妙，莫不盛造其极。"宋代把我国茶叶制造技术、品饮技艺提高到一个新水平。把茶叶饮用价值和工艺欣赏价值完善地结合起来了，由物质享受升华为精神享用。同时，宋代茶学专著，除《大观茶论》外，尚有《宣和北苑贡茶录》《北苑别录》《茶录》等等，多以建安贡茶为主要内容，对推动茶叶科学知识的普及和提高，弘扬祖国光辉灿烂的茶文化都有积极意义。

唐宋时期，是我国贡茶制度的实施期，细细品读陆羽《茶经》、黄儒《品茶要录》，从书中可以看到随着时代的变迁、生活方式的变化，茶叶的制作工艺各具特色。唐代讲求细致地碾茶罗茶，我们可从西安法门寺地宫出土的成套茶具见其一斑；宋朝将茶做成精致的龙团凤饼。这两个时代攀比精巧、追求华丽，各种茶叶制作者极尽工艺琐细与工时繁多之能事，以求

能在同侪朋辈们显耀，而茶的本性却被湮没殆尽了。

元明时期，贡焙制日趋式微，规模没有唐宋那么大，仅在福建武夷山构建小型御茶园，但定额纳贡制依然照例实施。元王朝的统治核心，是长于游猎的蒙古游牧民族，由于长期食牛羊肉，茶利于消化，成为他们日常生活中的必需品，有元一代较为著名的贡茶有武夷白鸡冠茶和四川蒙顶茶。明时，出身寒微的明太祖朱元璋，颠沛流离中参加了元末农民大起义，辗战江南广大茶区，口干时将茶向开水中一浸，好不解渴，他对茶事多有接触，了解茶农疾苦。明朝建立以后，他深知"民富则亲，民贫则离，民之贫富，国家休戚系焉"。当看到进贡的都是精工细琢的龙凤团饼茶后，感叹不已。他认为这种龙凤团饼茶，既劳民又耗国力，因之诏令罢造，"唯采芽以进"。这一举措看似简单，实是中国饮茶史上的重大革命。朱元璋是个很了不起的人物，我也曾留意这位帝王诗词深处咏竹的那份阔大与意兴，这或许是千古帝王的英雄梦境了："雪压枝头低，虽低不着泥。一朝红日出，依旧与天齐。"粗人诗也做得这么好，难怪他对茶也有如此的情怀了。

自此茶饮之于大明，风尚为之一变，唐宋制茶以烦琐之工艺取胜，如今则以工艺简便易于操作见长；唐宋时以蒸茶、碾茶为工，如今则以炒制为主。制作程序化繁为简直接导致明清以来茶风转向简约清淡，叶茶瀹饮之法日渐替代唐宋饼茶碾煎之法，也就是说茶叶不再捣烂加工成茶饼，而是经炒青之后直

清　胤禛行乐图像册之一

本，如福建建瓯茶厂不下千家，小者数十人，大者百余人，以茶为业者日众，又如江西《铅山县志》载："河口镇乾隆时期业茶工人二三万之众，有茶行四十八家。"出口农产品以茶为大宗。有清一代，列入贡茶名茶的有康熙时的"碧螺春"、乾隆时的"大红袍""龙井"茶，而今日盛行的云南"普洱"茶于雍正十年，即 1732 年正式列入贡茶案册，堂而皇之地进入宫廷视野。

在康乾盛世的一百二十余年的历史中，雍正帝是位承前启后的关键人物，如果没有他就不会有中国历史上长达一个多世纪的太平盛世。众所周知，雍正是个工作狂，在位十三年间，平均每天睡眠不超过四小时，御书朱批达数千字。对于这位经常熬夜工作的皇帝来说，用于提神醒脑的茶叶成了生活与工作中不可或缺的物品。云贵总督鄂尔泰深知雍正帝总是深夜还在批文，常常进贡内质敦厚、滋味甘醇的普洱茶，这种茶既提神又暖胃，深得雍正帝的喜爱。鄂尔泰还在普洱府宁洱县（今宁洱镇）建立了贡茶厂，选取西双版纳最好的女儿茶，以制成团茶、散茶和茶膏，入贡朝廷。清人赵学敏《本草纲目拾遗》记载："普洱茶成团，有大、中、小三种。大者一团五斤，如人头式，称人头茶，每年入贡，民间不易得也。"制贡茶的茶叶，据传均由未婚少女采摘，且都是一级的芽茶。采下的芽茶一般先都放之于少女怀中，积到一定数量，才取出放到竹篓里。这种芽茶，经长期存放，会转变成金黄色。

接保存备用。饮用时，将茶叶放入壶中或茶盅内，以开水冲泡即可。这种简便的瀹饮法，正如明人文震亨《长物志》所言，"简便异常，天趣悉备，可谓尽茶之真味矣"。这种"茶之真味"，彰显了中国茶饮所具有的清淡、质朴而隽永的文化意蕴。

清代，茶业进入鼎盛时期，形成了以产茶著称的区域和区域化市场，商业资本逐步转化为产业资

四

贡茶制在中国有着悠久的历史。悠悠数千年，贡茶对整个茶叶生产的影响和茶叶文化的影响是巨大的。贡茶的缘起与封建制度的建立密切相关，贡茶与其他贡品一样，其实质是封建社会里君主对地方统治的一种维系象征。贡茶初始，只是各产茶地的地方官员，征收各种名特茶叶作为土特产品进贡给朝廷，属于土贡的性质。自唐朝始，朝廷用茶除了地方上贡茶叶外，已经在重要的名茶产区设立贡茶院，由官府直接管理，督造各种贡茶的生产。贡茶院的设立，对贡茶品质有严格要求，不惜耗用巨资，制作精益求精，品目日新月异，促使历代贡茶不断创新和发展，有力地促进了制茶技术的改进与提高。同时贡茶的产制和运输，对驿道交通建设、民族团结也有积极的促进作用。历史上的诸多贡茶品目，沿袭至今，仍然保留着它的名称和传统的品质风格，这不仅是贡茶制度，同时也是历代茶人对中国茶业的贡献。

前已陈述，同为贡茶其品质也不尽相同，贡茶除了贡物制度下规定的朝廷指定茶品也即官贡外，还有地方州府作为土特产品而主动上贡的茶品，即所谓的"土贡"，这种现象是促使贡茶范围进一步扩大的重要原因，同时也形成了官贡与土贡之区分。宋人赵明诚《金石录》云："义兴贡茶非旧也，前此故御史大夫李栖筠实典是邦。山僧有献佳茗者，会客尝之。野人陆羽以为芳香甘辣，冠于他境，可荐于上。栖筠从之，始进万两，此其滥觞也。厥后因之，征献浸广，遂为任土之贡，与常赋邦侔矣。"宋人熊蕃《宣和北苑贡茶录》曾载："两浙茶产虽佳，宋祚以来未经进御。李溥为江淮发运使，章宪垂帘时，溥因奏事，盛称浙茶之美，云：自来进御，惟建州茶饼，浙茶未尝修贡，本司以羡余钱买到数千斤，乞进入内。"从以上典籍记载中可以看出，唐宋时期的贡焙制度的确立，与这种由下荐上的进贡形式直接相关，同时也表明了某一区域的物产，可以通过上贡的形式进入朝廷，通过皇帝带货这种有效的形式，达到名扬天下的目的。当然，作为以土特产品进献的茶品，未必样样都是佳品，现故宫收藏的贡茶中，也有一些材质粗糙、制作不精的茶品存放在那里，它们全然是悠悠历史中数点寒灯的消息，茶也寂冷，味也寂冷。

贡茶的历史谈了很多，不再赘述，这里还有一点必须要说明，常言唐代为饼茶，宋代为团茶，明代以后盛行散茶。其实，自古及今就有饼茶、散茶、末茶、粗茶之分，之所以说唐饼、宋团、明散，只是不同时代文人士大夫阶层不同的风尚所致。从人类现象学的角度来看，散茶应该起源最早，劳苦大众在生活劳动中，用散茶泡水一来可以提味，二来可以解渴，还有一些健身的功效，此外散茶冲泡简便易行，不拘时间地点；而唐时煎茶、宋时点茶，那是有闲阶层的事，与黎民百姓沾不上边儿。历史是文人写就的，所以记述的茶史，在某种意义上就是一部文人茶饮史而已。

任何事物都是一分为二的，诚然明以后时兴散茶，但并非饼茶就失去了存在的价值和意义。饼茶的制作，是为了储存、运输的方便，但经过深度加工以后有调制茶味的作用。明代以后，饼茶作为传统的茶品，不仅在农耕民族区域饮用，而且在游牧民族和少数民族区域广泛饮用。还有一些茶，诸如普洱茶经过发酵后，制成茶饼，时间储存越长而其味道越醇厚、越绵长。

五

贡茶的历史，随着古代中国的皇权专制的倾覆而不复存在，但是中华茶文化的遗绪没有湮灭，而开始发扬光大。新中国成立之伊始，茶业复兴，龙井、毛峰、毛尖诸茶依然名擅天下，普洱、乌龙之品，亦自此盛，延及于今。新中国历经七十余载，百废俱兴，海内晏然，世既累洽，人物恬熙，则日常需要、每日用度，均已货物充足，不思短缺。值此之时，文人雅士以及黎民百姓，均以赏茗为乐，采茶、择茶之精细，制茶之精巧，品茶评茶之兴盛，选水之用心，莫不咸造其极。至治之世，岂唯人尽能得以施展才华，而自然灵异草木，也能够以尽其用。

故宫，作为中国最为重要的博物馆，如何让收藏在禁宫里的文物活起来，如何让博物馆里的文物服务于社会，这是故宫人对社会的一份责任。记得

十五年前，也就是 2007 年春天的 4 月 4 日，在这样一个桃红柳绿的季节，珍藏于故宫百余年的"万寿龙团贡茶"回归故里，云南二十六个民族的代表穿着民族服装迎接国宝回家。那天上午，湛蓝的天空飘着缕缕白云，在昆明举行的"百年贡茶回归普洱"的恭迎展示仪式上，云南省昆明市和普洱市领导共同揭开贡茶的盖头，向市民展示重返家乡的"万寿龙团贡茶"，它重约 2.5 千克，生产于清朝光绪年间，历经一百多年仍然完好无损，外观呈褐色，表面光滑、条索匀整，还可以看到清楚的芽头。随后，云南茶业企业家上台行祭茶礼，他们手捧一碗云南山泉水，向贡茶轻轻泼洒，表达景仰之情。故宫普洱贡茶回故乡的活动，大幅度提升了普洱市的知名度，茶产业的销售直线飙升，年销售额由原来的数亿人民币增加到活动以后的几十亿，以至于现在的数百亿人民币。

有感于此，故宫不仅收藏了清代普洱茶，而且其他茶种也甚多，为了更好地提供茶文化研究的史料，更好地服务经济发展、促进茶文化的繁荣、增益世人品评茗茶之兴，故延请当年故宫普洱贡茶回故乡参与者，以及实力派茶学专家张朝斌、李飞和一批专家学者，将故宫所藏之茶搜集一册，陈述其产地、特色、始末原委，故称之曰《故宫贡茶图典》。该图典不是茶书之首创，其实自唐人陆羽著有《茶经》后，有关茶方面的文字就多了起来，为谱为录，以及诗歌咏叹赞美者，云蒸霞蔚而目不暇接。宋代有宋徽宗《大观茶论》、蔡襄《茶录》、黄儒《品茶

要录》，明代有朱权《茶谱》、黄骧溟《茶说》、程幼与《品茶要录补》，清朝有刘源长《茶史》、陆廷灿《续茶经》。

时至今日，陈丽华以及张朝斌、李飞诸先生主编《故宫贡茶图典》一书面世，是中国茶史上第一部有关宫廷贡茶的实物图录，值得大书特书。这部图典除了较为完整展示、记录故宫收藏的贡茶外，在茶文化发展史上具有重要的实物价值与史料价值。在此之前诸多茶书均为理论性的、史料性的、经验性的，可惜由于时间的久远，缺少实物的佐证，这部图录的出版可以弥补这一方面的不足，并且也给茶叶消费者提供丰富的感官体验。此外，各地茶产业区竞相标榜自己是历史上皇家贡茶区，尘嚣之下人不能辨其真假，这部图录的梓印，可以厘清茶界的一些模糊问题，使真假李逵立现，这样可以为古老的贡茶赋能，助力茶产业的升级和繁荣发展。

故宫是个博物馆，文物只有为社会、为大众服务，才能全面展现其能量和价值。故宫贡茶，也只有投身充满生机的现实生活中，与人民群众的需求相适应，才能散发出最浓郁的生命之香。贡茶，如果故宫人只是把它们藏之深宫，终日静静放在不见天日的地库里，其价值永远也难显现。苏东坡是个爱茶人，他说过："物有畛而理无方，穷天下之辩，不足以尽一物之理。达者寓物以发其辩，则一物之变，则可尽南山之竹。"《故宫贡茶图典》的面世，或许应了《红楼梦》中"彻旦休言倦，烹茶更细论"那句诗，茶的事儿是永远说不完的。是为序。

盛世清尚

——故宫博物院藏清代宫廷茶器述略

陈丽华

《易》云："形而上者谓之道，形而下者谓之器。"器之为用，是为有形，"形乃谓之器"，故"无其器则无其道"，茶器亦如是。作为不同历史时期人们进行饮茶行为时所必需之具，茶器是中国茶文化与传统茶道不可或缺的物质载体，往往兼具实用性与艺术性，并随着历代制茶与饮茶方式的改变而不断演进。

从"神农尝百草，日遇七十二毒，得茶而解之"的药用，到春秋以来茗粥、茗菜的羹饮、食用，此时茶器尚与水器、食器等混同。至汉时，已有"烹茶尽具""武阳买茶"的记载，为目前所见关于茶器的最早记录。到唐代，茶之为饮，蔚然成风，时陆羽著《茶经》，"言茶之原、之法、之具尤备，天下益知饮茶矣"，并在其"四之器"中将当时的茶器分为风炉、筥、炭挝、火筴、鍑、交床、夹、纸囊、碾、罗合、则、水方、漉水囊、瓢、竹筴、鹾簋、熟盂、碗、畚、札、涤方、巾、具列、都篮二十四种，系统性地概括了唐代整个饮茶过程中用于烧水、盛放、煮茶、度量、饮用、洗涤的诸般器具。此时煮茶已多是非渴而饮，而常常带有精神交流相娱之意，并逐渐承载了儒、释、道等多种文化内涵，遂将饮茶活动逐渐

提升至精神层次之享受。及至宋时，又一改唐之煮茶法，继以点茶法为主，即将片茶（饼茶）或散茶（草茶）研碾成末后入茶盏，再用茶瓶注汤点啜。其时"斗茶"风气盛行，以"面色鲜白，着盏无水痕者为绝佳"，而"入黑盏其痕易验"，故福建建窑厚胎黑釉之建盏与江西吉州窑黑釉木叶纹盏成为当时颇为流行的茶器。后经元而至明、清，茶叶逐渐由叶茶替代了团茶，"揉而焙之"的炒青制茶法亦渐成为主流，尤其是在明洪武二十四年（1391），明太祖朱元璋以"国家以养民为务，岂以口腹累人"为由，下诏"罢造龙团，惟采芽茶以进"，正式废除福建建安团茶进贡之后，团茶逐渐没落，连带以筅击拂的点茶法亦逐渐消失，继之以茶壶容茶，直接以沸水冲泡，再入茶杯之中品饮的方式。因而旧时所用之茶器如茶碾、茶磨、茶筅等亦随之消失，而代之以茶壶、茶杯组合的茶器形式，一直沿用至今。

清代饮茶之风益盛，不仅兴盛于民间，亦兴盛于宫廷。根据中国第一历史档案馆藏《宫中进单》中所载，清代将茶叶列为贡品的省份就有福建、云南、湖南、湖北、四川、陕西、江苏、浙江、安徽、江西、

山东、广东、贵州十三个省份，所进茶叶则包括武夷茶、莲心茶、小种茶、天柱花香茶、普洱茶团、女儿茶、君山银针茶、六安茶、通山茶、蒙顶山茶、吉利茶、碧螺春茶、龙井茶、雀舌茶、安远茶、陈蒙茶、宝国乌龙茶、龙里芽茶等七十多个品种。清代宫廷中专门设有茶库，负责贡茶的保管与分配，其隶属于内务府广储司，《啸亭杂录》中即载"凡库有六，曰银库、曰缎匹、曰衣库、曰茶库、曰皮库、曰瓷器库，各有专司，惟茶库兼收人参，为六库中之最要"。同时，宫中还设有御茶房、清茶房、奶茶房、皇后茶房、皇子茶房以及各宫殿茶房等各类茶房机构，专司宫廷用茶的相关工作。茶叶已然成为清代宫廷生活中不可或缺的日用饮品之一，据《国朝宫史》记载，宫中后妃日用茶例即有"皇贵妃：每月六安茶十四两，天池茶八两；贵妃：每月六安茶十四两，天池茶八两；妃：每月六安茶十四两，天池茶八两；嫔：每月六安茶十四两，天池茶八两；贵人：每月六安茶七两，天池茶四两"。另据中国第一历史档案馆藏《宫中杂件》"物品类•食品茶叶"中记载："嘉庆二十五年二月初一日起至七月二十五日止，仁宗睿皇帝每日用普洱茶三两，一月用五斤十二两，随园每日添用一两，共享三十四斤。""嘉庆二十五年八月二十日至道光元年正月三十日，皇后每日用普洱茶一两，一月用一斤十四两，共享九斤十二两。"另外，茶叶在清代宫廷生活中不仅用于日常饮用，还多用于祭祀、医药、赏赐或举办茶宴等。如在康熙五十年（1711）、康熙

六十年（1721）、乾隆五十年（1785）、乾隆六十年（1795）皇帝举行的"千叟宴"中一项重要的进餐流程便是首开茶宴，宴毕皇帝还会依例赏赐御茶与茶器给部分参与茶宴的老者，以示恩宠。而喜好饮茶又善作诗的乾隆帝还首开重华宫茶宴，即将品茗与诗会相结合，常由皇帝亲自主持与命题定韵，与宴者（一般为十八人，以寓瀛洲学士之意）赋诗联句，诗品优者便可得到御茶或珍器的赏赐，一时亦传为清宫雅事。

故宫博物院是在明、清两代皇宫及其收藏的基础上建立起来的，是中国传统文化的集大成者，其所收藏清代宫廷茶器品类之丰富、造型之精巧、装饰之华丽，亦为历代之最。仅以材质而论，即可主要分为陶瓷质茶器、玉石质茶器、金属质茶器、漆质茶器和木质茶器等。这些茶器不仅承载着中国传统茶文化，而且代表着当时社会手工艺发展的高度，并体现着清代皇家帝王的意志与时代的审美，颇堪品味。

一、陶瓷质茶器

故宫博物院清代宫廷陶瓷质茶器数量众多、造型规整、胎质坚细、釉色宜人，具体又可以细分为瓷质茶器与陶质（主要是紫砂质）茶器两大类，其器型以茶碗、茶盅、盖碗为多，次则有茶壶、茶叶罐等，或富丽华美，或文雅精细，皆为品茗、储茗之佳器。

（一）瓷质茶器

清代宫廷中所用瓷质茶器主要为江西景德镇御窑厂烧造。清代景德镇制瓷业在明代基础上进一步发展，尤其是在国力较为强盛的康熙、雍正、乾隆三朝，其时景德镇"人居之稠密，商贾之喧阗，市井之错综，物类之荟萃，几与通都大邑"（清·唐英《陶人心语》），此三朝之瓷器亦达到有清一代制瓷业之顶峰。故清人蓝浦在《景德镇陶录》中记："陶至今日，器则美备，工则良巧，色则精全，仿古法先，花样品式咸月异岁不同矣。而御窑监造，尤为超越前古。"此言不虚。瓷质茶器作为清代皇室饮茶活动中不可或缺之器，今见有青花、釉里红、五彩、粉彩、珐琅彩、诸单色釉瓷等多种形制。其中尤以康、雍、乾三朝之珐琅彩茶器，康熙之青花茶器、五彩茶器，雍正之单色釉茶器，乾隆之粉彩诗文茶器最为人称道。

珐琅彩瓷器亦称"瓷胎画珐琅"，始见于清康熙朝晚期，盛烧于雍正、乾隆二朝，其在制作工艺上借鉴了铜胎画珐琅的技法，创造性地将珐琅彩料应用于景德镇烧制的素白瓷胎上，再由清宫造办处"珐琅作"工匠依据皇帝核准过之画样施绘，经二次入窑焙烧而成，工艺繁复而制作极为精细雅致，尤其是雍正六年（1728）八月以后，在原有的十八种西洋珐琅釉料上又先后研制出十八种国产珐琅釉料，使得雍、乾二朝的珐琅彩瓷器画面表现更加立体丰富，色彩亦更加饱满，堪称中国清代宫廷艺术的重要成就之一。在雍正九年（1731）造办处"珐琅作"《各作成做活计清档》中即记有珐琅彩茶器的烧制："十九日，内务府总管海望奉上谕，着将有釉无釉白瓷器上画久安长治芦雁等花样烧法琅（珐琅），钦此。""于五月初三日画得久安长治碗一件，飞鸣宿食芦雁碗一件，绿竹猗猗碗一件，梅花木样小酒圆六件，红梅碗一件，内务府总管海望呈览奉旨准照样烧法琅的，钦此。"后"于十二年十二月二十八日做得水墨竹子茶碗一对，玉兰花茶碗一对，黄地菊花茶碗一对，长春花大茶圆一对，浅黄蟠桃九熟茶圆一对……司库常保首领太监萨木哈呈进讫"。从故宫博物院现藏珐琅彩茶器来看，亦属雍正朝制器最为"文雅秀气"，合"内廷恭造之式"。

珐琅彩瓷之外，康熙时期的瓷质茶器尤以青花茶器与五彩茶器最为突出，其瓷胎多坚致缜密，釉质细腻温润，与青花之翠蓝或五彩之诸色互为映衬，相得益彰。如康熙青花松竹梅图茶壶（图1），壶青花

图1 清康熙 青花松竹梅图茶壶

图2 清康熙 五彩竹雀纹茶壶

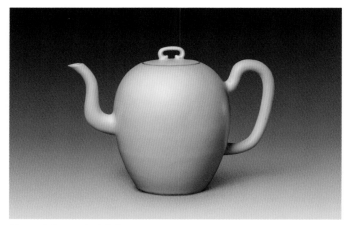
图3 清雍正 白釉茶壶

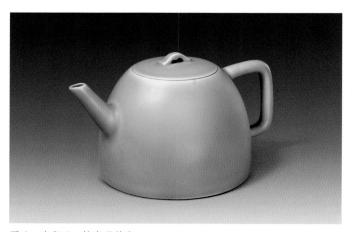
图4 清雍正 粉青釉茶壶

仿生为饰，以竹节形作流，以梅枝形作钮，以松树枝干形为柄，寒梅相映，竹松成趣，以青花色之深浅表现植物之纹理，惟妙惟肖，颇得文人"三友"意趣，圈足内书"大清康熙年制"青花楷书款，发色淡雅，堪为雅器。同时期另一件五彩竹雀纹茶壶（图2），通体五彩为饰，壶身一面以墨彩、黄彩点绘竹雀、菊花纹饰，不仅运用了传统中国画的画法来完成意象造型，而且借鉴了西洋画法的透视关系及空间感，使整个画面更加立体生动。另一面墨书"独凌霜雪伴花开"，并绘"西""园"印，一壶之上，集诗、书、画、印装饰为一体，有诗情，有画意，实为品茗之佳器。

雍正时期瓷质茶器以诸单色釉茶器最可清心，亦合雍正帝文雅精细之品味。如雍正白釉茶壶（图3），壶身通体白釉，匀净莹润，一如凝脂，古朴而雅致。圈足内书"大清雍正年制"篆书款。据清宫造办处档案记载，雍正帝本人曾多次审定茶壶之造型、

纹饰与色彩调配，不仅要求烧成茶壶各个部分的尺寸适度，而且尤重神韵，故而雍正一朝陶瓷质茶器以文雅精细者居多。又如雍正粉青釉茶壶（图4），壶身通体施粉青釉，苍翠如玉，极其清雅，圈足内书"大清雍正年制"篆书款，可称清代宫廷单色釉茶器之典范。

乾隆时期瓷质茶器则以粉彩诗文茶器最为雅致，

图5　清乾隆　粉彩开光人物煮茶图壶

图6　清嘉庆　青花开光诗文茶壶

其通常一面开光内书乾隆帝的御制诗文，另一面绘"雨中烹茶"图景，周围多以团花或缠枝花纹为饰，于华美之中又透出文人气息。如乾隆粉彩开光人物煮茶图壶（图5），壶身通体粉彩团花为饰，一面开光内墨书《雨中烹茶泛卧游书室有作》御制诗一首："溪烟山雨相空濛，生衣独坐杨柳风。竹炉茗碗泛清濑，米家书画将无同。松风泻处生鱼眼，中泠三峡何须辨。清香仙露沁诗脾，座间不觉芳堤转。"并绘白文"乾"印，朱文"隆"印，圈足内书"大清乾隆年制"双行篆书款。此诗为乾隆帝于乾隆七年（1742）夏至所作，同时被广泛地书于乾隆御用茶器之上，另一面开光内绘"雨中烹茶"图景，与诗文相和，画意诗情，殊为风雅。受其影响，其后的嘉庆帝亦多于青花茶器上以御制诗文为饰，如嘉庆青花开光诗文茶壶（图6），圈足内书"大清嘉庆年制"篆书款。壶身通体青花为饰，内外壁满绘缠枝莲纹，正面开光内书嘉

庆帝《烹茶》御制诗一首："佳茗头纲贡，浇诗必月团。竹炉添活火，石铫沸惊湍。鱼蟹眼徐扬，旗枪影细攒。一瓯清兴足，春盎避轻寒。"诗后署"嘉庆丁巳小春月之中浣御制"，并绘"嘉""庆"印。此诗即记录了嘉庆二年（1797）十月，嘉庆帝夜品头贡新茶之情景，从烹茶、观茶、品茶到咏茶，继而将之书于瓷质茶器之上，亦为嘉庆朝青花茶器之佳作。

（二）陶质（紫砂）茶器

故宫博物院现藏清代陶质茶器主要为产自江苏宜兴的紫砂茶器，即用当地特有的一种含铁量较高、质地细腻、可塑性强的紫砂土烧成的细陶器。因其具备质地坚硬、耐冷热、透气性好等特点，故可使茶味持久，茶香不易散失，殊宜饮茶，且泥色有紫、黄、绿、红、褐、棕、白等，"忽葡萄而绀紫，倏橘柚而苍黄。摇嫩绿于新桐，晓滴琅玕之翠。积流黄于葵露，

图 7 清康熙 宜兴窑 "邵邦祐" 款紫砂珐琅彩壶

图 8 清雍正 宜兴窑紫砂黑漆描金茶壶

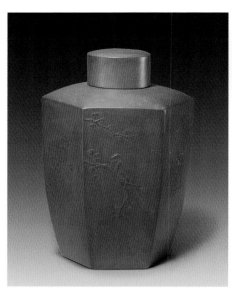

图 9 清雍正 宜兴窑紫砂 "莲心" 铭茶罐

暗飘金粟之香"（清·吴梅鼎《阳羡茗壶赋》），愈发精雅，故自明末以来，颇得文人青睐，被后世推为"世间茶器之首"。明人文震亨《长物志》中即言"壶以砂者为上，盖既不夺香，又无熟汤气"，乾隆帝亦有诗赞曰"梧砌烹云坐月明，砂瓷吹雨透烟轻"，诚如斯言。如康熙宜兴窑"邵邦祐"款紫砂珐琅彩壶（图7），流与柄惜残，圈足内刻"乙酉桂月臣僧宝诚进"，下署"邵邦祐制"楷书款。壶身以深栗色砂泥作胎，以红、黄、蓝、绿等色珐琅彩料描绘花鸟山石，纹样精细，形制古雅，兼备实用性与艺术性，为康熙朝宜兴胎珐琅彩茗壶之代表。将宜兴紫砂胎与珐琅彩料相结合为康熙朝所创烧，在道光十五年（1835）的《珐琅玻璃宜兴磁胎陈设档案》中即记载有二十件康熙朝宜兴胎画珐琅器收藏于乾清宫端凝殿之中。

除了与珐琅彩料结合外，清宫还有将髹漆技法应用于宜兴紫砂胎上，如雍正宜兴窑紫砂黑漆描金

茶壶（图8），紫砂内胎厚重，外髹黑漆描金山水楼阁图画，造型典雅，富丽而华美，是为数不多的雍正时期紫砂胎髹漆描金茶壶。同时，清代宫廷茶叶罐的制作较前代亦更为讲究，如雍正宜兴窑紫砂"莲心"铭茶罐（图9），壶略呈六方形，圆盖上刻"莲心"

上下二字楷书铭。壶身以砖红色砂泥作胎，纯净细腻，壶腹六面分别堆绘松、荷、梅及花鸟纹饰，表现出雍正帝闲适幽恬的茶事美学。故宫博物院目前所藏尚有类似盖刻"雨前"铭六方形紫砂茶罐，盖刻"六安""珠兰"铭的圆柱形紫砂茶罐等，均为清代宜兴地方为宫廷贡茶所特制之茶罐。

至乾隆时期，宜兴紫砂茶器的制作工艺愈发精巧，无论器型、纹饰还是胎质，皆达到了一个新的高度。加之乾隆帝本人对于茶事之喜好，这一时期的紫砂器亦如乾隆朝御窑瓷器一般，"由朴而华，日渐巧妍"。其茶壶多由内廷造办处出样，于宜兴定制，常以不同泥色紫砂在壶身一面堆绘烹茶图景，另一面书刻乾隆御制诗文，除前述乾隆七年（1742）御制诗《雨中烹茶泛卧游书室有作》外，还常刻另外一首乾隆十六年（1751）作御制诗《惠山听松庵用竹炉煎茶因和明人题者韵即书王绂画卷中》："才酌中泠第一泉，惠山聊复事烹煎。品题顿置休惭昔，歌咏膻芗亦赖前。开士幽居如虎跑，舍人文笔拟龙眠。装池更喜商邱荤，法宝僧庵慎弄全。"这首诗表现了乾隆帝内心对于明代文人山居读书、悠闲品茗之向往。其壶形除六方形外，尚见有圆形、扁圆形等，皆为乾隆帝的御用紫砂茶器。

二、玉石质茶器

中国古代玉器作为石之美者，其制作和使用至少可以追溯至八千年以前的新石器时代，并在长期的历史演进过程中器以载道，以其温润缜密、廉而不刿、气如白虹等特点成为中国古代神权美饰、礼仪制度、操守德行、吉祥财富等的象征。现藏清代宫廷玉石质茶器主要可以分为以和田玉为代表的软玉质茶器、以翡翠玉为代表的硬玉质茶器以及其他石质（玛瑙质、芙蓉石质等）茶器。

（一）软玉质茶器

清代帝王深受传统儒家文化影响，对于玉器的重视一如既往，不仅收藏、改制前朝古玉，而且琢制了大量新玉器。尤其是随着乾隆二十年（1755）至二十五年（1760）清政府逐渐平定新疆，打通了和田玉料大量进入宫廷的通道与机制。据统计，仅从乾隆二十五年至嘉庆十七年（1812）的五十二年间，从新疆地区运往宫廷的玉材就超过二十余万斤，年均贡玉四千余斤。和田玉原料的充足供应为清代宫廷玉器的发展奠定了基础，也为玉质茶器的制作提供了丰富的物质条件。同时，清宫造办处下设"玉作""如意馆"等，选调苏州等地玉器名匠进馆作工，为清宫玉器的制作提供了技术支持，亦使得这一时期新制玉质茶器多用料讲究，设计巧妙，雕工精湛，且常题刻有御制诗文。如乾隆御题诗文青玉盖碗（图10），圆形撇口，质地莹洁，润若鲜荔，盖镌刻松树、梅花、佛手纹参差相叠，碗腹外壁刻乾隆十一年（1746）御制诗《三清茶》，其云："梅花色不妖，佛手香且洁。

图 10　清乾隆　御题诗文青玉盖碗

图 11　清乾隆　御题诗文碧玉茶碗

图 12　清乾隆　御题诗文白玉嵌宝石错金奶茶碗

松实味芳腴，三品殊清绝。烹以折脚铛，沃之承筐雪。火候辨鱼蟹，鼎烟迭生灭。越瓯泼仙乳，毡庐适禅悦。五蕴净大半，可悟不可说。馥馥兜罗递，活活云浆澈。偓佺遗可餐，林逋赏时别。懒举赵州案，颇笑玉川谲。寒宵听行漏，古月看悬玦。软饱趁几余，敲吟兴无竭。"末署"乾隆丙寅小春御题"，下刻"乾""隆"二印，盖钮及圈足内均刻"大清乾隆年制"篆书款。三清茶，以雪水沃梅花、松实、佛手，啜之，名曰三清，据《国朝宫史续编》记载：乾隆帝御制《三清茶》诗，以松实、梅花、佛手为三清，每岁重华宫茶宴联句，近臣得拜茗碗之赐。可知此碗为乾隆帝在重华宫茶宴上御用之茶器，传世"三清茶"碗多为瓷质，玉质较为少见。而另一件御题诗文碧玉茶碗（图 11），外壁镌刻乾隆御制诗《咏玉茶碗》曰："于阗何必购瓮环，通贡薄来每厚还。保定不期致远域，琢磨亦复借他山。示祯碧落星辰表，延喜明廷樽俎间。漉雪浮香真恰当，

思推解渴福区寰。"由诗可知，此碗为清代宫廷御殿筵宴中御赐奶茶时所用之茶器。满族入主中原后依然保留了饮用奶茶的习惯，每逢典礼、祭祀、筵宴或接待蒙古各部王公贵族时常有赐饮奶茶之仪式。相应也就琢制了各式精美的玉质奶茶器，如乾隆御题诗文白玉嵌宝石错金奶茶碗（图 12），碗为和田白玉质，莹润光洁，外琢花蕾形为双耳，花枝形为圈足。

碗外壁阴刻花卉、枝叶形状，并于凹槽内镶嵌金片，花瓣处以金片托底，内镶红宝石，工艺明显具有借鉴痕都斯坦玉器风格的特点。碗内壁镌刻乾隆五十一年（1786）御制诗《咏和阗白玉碗》，其云："酪浆煮牛乳，玉碗似羊脂。御殿威仪赞，赐茶恩惠施。子雍曾有誉，鸿渐未容知。论彼虽清矣，方斯不中之。巨材实艰致，良匠命精追。读史浮大白，戒甘我弗为。"下署"乾隆丙午新正月御题"，刻"比德"印，内底刻"乾隆御用"隶书款。由诗可知，此碗为清代和田羊脂白玉所制，并为清代宫廷御殿筵宴中御赐奶茶时所用之茶器，其制作之精细、装饰之富丽，从中可一窥乾隆盛世之风采。

（二）硬玉质茶器

翡翠是指主要由硬玉或其他钠质、钠钙质辉石组成的、具有工艺价值的矿物集合体，主要产地包括缅甸、日本、俄罗斯、哈萨克斯坦、美国、危地马拉等国家，而达到宝石级品质的翡翠则集中产于缅甸北部地区，中国古代翡翠玉料即主要源自这一地区。从目前文献资料来看，其大致于 18 世纪早期进入中国宫廷，如在雍正四年（1726）十月《各作成做活计清档》"玉作"中就有"郎中海望持出绿苗石数珠一盘，随翡翠石佛头塔、背云、计念、坠角，奉旨此数珠颜色好，不必做数珠，有用处用"的记载。其后在经历了清缅战争以及近二十年的对峙之后，于乾隆五十三年（1788）清朝政府与缅甸雍籍牙王

图 13　清嘉庆　翡翠奶茶碗

朝方才进入正常交往时期，翡翠玉路亦更加畅通，硬玉质茶器遂得以在清代宫廷中使用。如嘉庆款翡翠奶茶碗（图 13），碗为缅甸翡翠玉质，圆形墩式，通体光素未琢纹饰，微飘绿色，足内镌刻"嘉庆年制"隶书款。乾隆御制诗《赐蒙古诸王公宴》中有云"翠碗均颁乳酪茶"，可知此翡翠茶碗为清代宫廷御赐蒙古诸王公筵宴中饮奶茶所用之茶器，相同形制的翡翠玉茶碗如今在故宫博物院中尚保藏有十数只。

（三）其他石质茶器

除了上述软玉质茶器与硬玉质茶器之外，还藏有不少其他石质茶器，亦皆清新可爱。如雍正款玛瑙光素茶碗（图 14），通体光素，以玛瑙天然纹理为饰，琢刻精妙雅致，圈足内阴刻"雍正年制"篆书款，为雍正御用品茗佳器。又有芙蓉石光素盖碗（图 15），为粉红色芙蓉石制，通体光素未琢纹饰，造型端庄，

图 14　清雍正　玛瑙光素茶碗

图 15　清　芙蓉石光素盖碗

做工精细，器薄而色艳，宫廷气息浓厚。芙蓉石为单晶质石英岩，因其通常含有微量的钛元素而呈

粉红色，此盖碗有意不饰花纹，方凸显其材质本身之美。

三、金属质茶器

故宫博物院现藏清代金属质茶器主要有金质、银质、锡质、金属胎珐琅质等材质，其中以银质、锡质茶器较为常见，使用也有严格的等级差别。据《国朝宫史》卷十七"铺宫"中记，皇太后用"金茶瓯盖一、银茶瓯盖十、银茶壶三、锡茶碗盖五、锡茶壶三十四"，皇后用"金茶瓯盖一、银茶瓯盖八、银茶壶三、锡茶碗盖四、锡茶壶三十"，皇贵妃用"银茶瓯盖二、银茶壶一、锡茶碗盖二、锡茶壶四"，贵妃用"银茶钟盖一、银茶壶一、锡茶碗盖二、锡茶壶四"，妃用"银茶瓯盖一、银茶壶一、锡茶碗盖二、锡茶壶四"，嫔用"银茶瓯盖一、银茶壶一、锡茶碗盖二、锡茶壶二"，贵人用"锡茶碗盖一、锡茶壶二"，常在用"铜茶盘一、锡茶碗盖一、锡茶壶二"，答应用"锡茶碗盖一、锡茶壶一"，皇子福晋用"锡茶碗盖四、锡茶壶六"，皇子侧室福晋用"锡茶碗盖一、锡茶壶二"。清代宫廷茶器使用材质与数量的差别同时也体现着宫廷的等级与礼制。

（一）金质茶器

金质茶器主要以茶碗为主，如同治款金錾花双喜团寿字茶碗（图 16），外壁口沿、圈足各饰回纹一

图 16　清同治　金錾花双喜团寿字茶碗

图 17　清道光　"御茶房"款银茶壶

周，腹部"卍"字纹地上间饰"囍"与团"寿"字纹饰，圈足内刻"同治十一年二两平重七两四钱一分"铭文。同治帝载淳于同治十一年（1872）九月大婚，此碗即为此次大婚所订制的茶器之一。

（二）银质茶器

银质茶器见有茶壶、茶叶盖罐、元宝式茶船、长方茶盘、茶托、茶杯、茶碗等，其上通常会署其所属茶房名称，如御茶膳房、储秀宫茶房、长春宫茶房、永和宫茶房等。如道光"御茶房"款银茶壶（图 17），通体光素无纹饰，做工考究，壶底刻"道光元年御茶房重三十九两正"铭文，可知此壶为道光元年（1821）御茶房所用之茶器。

（三）锡质茶器

锡质茶器主要为茶叶罐，如清晚期"小种花香"

图 18　清晚期　"小种花香"锡茶叶罐

图 19　清乾隆　铜胎画珐琅菊花纹茶壶

锡茶叶罐（图 18），其由五件花瓣形茶叶筒，围绕一件圆形茶叶筒组合而成一套梅花式茶叶罐，通体光素，造型精巧，历百余年后仍有光泽，盖顶贴黄纸墨书楷体"小种花香"，表明此为清代宫廷储藏福建地区贡茶所用之茶器。锡具有性凉、易散热、密封性强等特点，以锡作茶叶罐至迟于隋朝时已经出现，至清代已成为储藏宫廷贡茶常见之茶器，李渔《闲情偶记》中即言"储茗之瓶，止宜用锡"，陈淏子辑《花木类考》中亦言"藏茶须用锡瓶，则茶之色香虽经年如故"。

（四）金属胎珐琅质茶器

珐琅是硅酸盐类物质，主要成分是以石英、长石、硼砂、铅丹等原料，按照适当的比例进行混合，烧结成硅酸化合物的混合物，研磨成粉末，再分别加入各种呈色的金属氧化物，按所需颜色填嵌或绘制于金

属胎体上，经烘烧而成为色彩缤纷、莹润华贵的珐琅制品。清宫现藏珐琅质茶器，主要以掐丝珐琅和画珐琅为主，且以茶壶较为多见，如铜胎画珐琅菊花纹茶壶（图 19），壶口及盖均作菊瓣式，壶身以黄色珐琅釉为地，四面均凸起菊瓣式开光，内绘大朵盛开的菊花，层层叠叠，开光外亦绘折枝菊花纹。底足署"乾隆年制"楷书款。同时，金属胎珐琅还被用来制作具有民族特色的奶茶器，如铜胎掐丝珐琅缠枝莲纹多穆壶（图 20），通体施天蓝色珐琅釉为地，彩色缠枝莲纹为饰，足嵌镀金铜片錾刻"大清乾隆年制"楷书款。多穆壶源于蒙、藏少数民族地区，多用于拌、盛酥油茶，后在满族地区亦用于盛装奶茶。清代宫廷曾以多种材料制作多穆壶，包括瓷器、漆器、珐琅器等，使其从实用的奶茶器发展被赋予了更多的陈设与礼制的功用。

图 20　清乾隆　铜胎掐丝珐琅缠枝莲纹多穆壶

四、漆质茶器

　　故宫博物院现藏清代宫廷各类工艺技法的漆质茶器也不少，在注重其装饰性的同时，亦保证了实用性。如御题诗文红地描黑漆茶碗（图 21），通体髹红漆为地，描黑漆纹饰，碗心绘松树、梅花、佛手纹，参差相叠，碗腹外壁书乾隆十一年（1746）御制诗《三

图 21　清乾隆　御题诗文红地描黑漆茶碗

清茶》，末署"乾隆丙寅小春御题"，并绘"乾""隆"二印，圈足内黑漆书"大清乾隆年制"篆书款。传世"三清茶"碗多为瓷质，漆质较为少见。又如脱胎朱漆菊瓣式盖碗（图 22），碗呈菊瓣形，通体髹朱漆，盖内及碗心髹黑漆，刀刻填金隶书乾隆四十一年（1776）御制诗《题朱漆菊花茶杯》，其云："制是菊花式，把比菊花轻。啜茗合陶句，裹露掇其英。"末署"乾隆丙申春御题"及"太璞"印章款，盖钮及外底均有刀刻填金"乾隆年制"篆书款。漆质茶器除了常见的茶碗、盖碗外，更多见茶盘、茶船等器。《国朝宫史》卷十七"铺宫"中记载了茶盘的使用规定，后宫皇太后、皇后用"漆茶盘十五"，皇贵妃、贵妃、妃用"漆茶盘二"，嫔、贵人、常在、答应、皇子福晋和侧室福晋用"漆茶盘一"，如清剔红锦纹云头式茶盘（图 23），盘呈如意云头式，通体朱漆雕锦纹为饰，细巧工整，此盘旧藏紫禁城茶库之

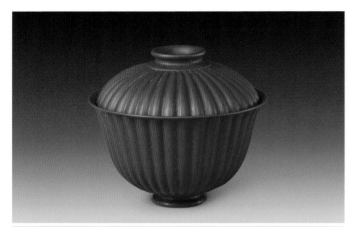

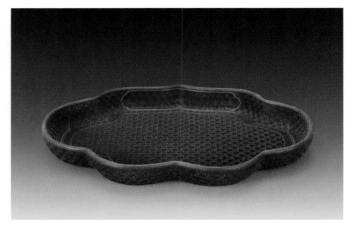

图 23　清　剔红锦纹云头式茶盘

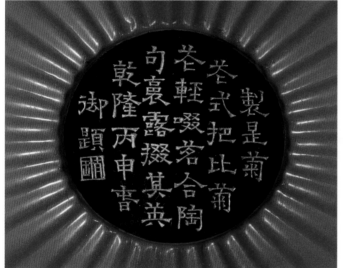

图 22　清乾隆　脱胎朱漆菊瓣式盖碗

图 24　清　红漆描金花卉纹舟式茶杯托

中，恰可与文献相印证。又如红漆描金花卉纹舟式茶杯托（图 24），杯托为船形，船腹中心开圆孔，可置茶盏于正中而不易倾洒，通体髹红漆，饰描金花纹。现藏此种杯托共九十七件，其中一箱满装五十件，根据箱上贴的古物陈列所墨书字条"奉天……贵州皮茶船五十"可知，此茶杯托为贵州所贡，古物陈列所成立之时从盛京皇宫调集而来。

五、木质茶器

现藏木质茶器见有紫檀木、黄花梨、鸂鶒木、桦木、竹木、椰木、瘿木等木所制，器型多为奶茶碗、茶盘、

图25 清乾隆 扎卜扎雅木奶茶碗

图26 清乾隆 紫檀木竹编分格式茶籝

茶籝等。如乾隆款扎卜扎雅木奶茶碗（图25），里外
光素。碗底中央刻阳文"乾隆御用"隶书款，绕其
一周为乾隆五十一年（1786）御制诗《咏木碗》，其
云："木碗来西藏，草根成树皮。或云能辟恶，藉用
祝春禧。枝叶痕犹隐，琳琅货匪奇。陡思荆歈地，二
物用充饥。"末署"乾隆丙午春御题"，并用金丝嵌

篆书"比德"印。清代自康熙时起，西藏地区贵族
便将此种具有民族特色的奶茶碗作为珍贵贡品向朝
廷进献，如《清宫内务府造办处档案》即记有雍正
十年（1732）四月初四日"圆明园来帖内称，本月
初三日首领萨木哈持出扎布扎雅木碗一件（系达赖
喇嘛进）"。而乾隆帝的御制诗中亦多次吟咏此种扎
卜扎雅木碗，并为其特制铁镀金镂空碗套与紫檀木
匣，以示珍贵。因而此碗不仅具有实用功能，而且更
是民族团结之象征。又如紫檀木竹编分格式茶籝（图
26），茶籝最初为竹子所编，用以采茶、盛茶的器具，

至清代，则逐渐演变为专门存放各类茶器的盛具，清宫档案中亦称之为茶具。此件茶籯主体为紫檀木质，分上下两层共五个分格，每一格都带有竹编格窗，用以盛放形状大小不同的茶壶、茶碗、茶叶罐、茶炉、水具等饮茶器具，其设计精巧，装饰素雅，颇具文人风格，为乾隆帝御用之茶器。

除以上主要品种的茶具外，还有象牙、玳瑁、匏、玻璃等其他材质的清代宫廷茶器，不胜枚举，皆用料考究、制作精致。

清代宫廷茶器作为清宫茶事代表性的物质载体与文化遗存，不仅承接着中国传统茶文化的历史余脉，而且深刻影响着现代饮茶方式与审美需求。吾辈于今时汲新泉，烹活火，品茗鉴器，神交于古人，亦可谓盛世之清尚也。

紫禁茶香

——清代宫廷贡茶的制度、品类与文物

万秀锋

贡茶文化是中国古代茶文化重要的组成部分，也是最具代表性的茶文化之一。作为皇家专用的茶叶，贡茶精选全国各地的优质茶叶，通过严苛筛选，精心加工制成。从茶叶原料、加工水平及其外包装等方面来看，贡茶都是历代茶叶最高水平的代表。

清代是中国古代贡茶文化发展的顶峰。相较于前代，清代贡茶区域不断扩大，将全国主要的产茶区都纳入贡茶体系。同时，清代贡茶品类大为增加，基本囊括了所有产茶区的重要茶品，包括普洱茶在内的许多茶品都在清代进入贡茶的序列。从档案记载中，我们可以看到清代贡茶的品类一直保持相对稳定，从康乾盛世到动乱清末，一直没有发生大的变化。这种长时间稳定的茶叶进贡，不仅保证了宫廷日常生活的需要，而且提升了清代茶叶种植、加工技术水平，促进了产茶地经济的发展。

清代，茶叶作为日常消费品，主要是满足日常生活的需要，少有长期保存的茶叶。而且在宫廷"贵新贱陈"的茶叶使用原则下，每年新茶陆续进入宫廷，而陈茶则会通过各种方式被处理掉。因此，贡茶保存下来的概率相对较低。在故宫博物院成立之时，

尚存有一批晚清宫廷遗留下来的茶叶，这些茶叶被放置在茶库及其他宫殿内。在清室善后委员会刊行的《故宫物品点查报告》中，对当时存留的茶叶进行了统计造册。但囿于当时的历史条件，真正将茶叶作为文物保管起来，则又经历了数十年的时间。目前，故宫博物院存有四百余件茶叶文物。这些茶叶文物数量虽然相较于《故宫物品点查报告》中的记载少了许多，但从类别上看基本完整，且文物状况良好。这些茶叶文物及其本身附带的信息，为我们认识和了解清代贡茶提供了极好的实物依据。

本文依据相关的档案文献及故宫博物院现藏的茶叶文物，从贡茶的品类入手，以期展示清代贡茶丰富多元的文化面貌，使社会大众更多了解和关注这些深藏宫中的贡茶，并以此推动贡茶文化深入研究。

一、中国古代贡茶溯源

中国是世界上最早发现和使用茶叶的国家。数千年来，我国劳动人民在茶的培育、采制、品饮、应用等方面积累了丰富的经验，是中华民族的宝贵

1. 陈椽：《中国名茶志·序言》，中国农业出版社，2000年。

2. （唐）陆羽等著：《茶经·续茶经》，中国文联出版社，2016年，第27页。

3. （唐）陆羽等著：《茶经·续茶经》，中国文联出版社，2016年，第3页。

4. （唐）封演：《封氏闻见录》卷六"饮茶"，载《四库全书·子部十·杂家类三》。

5. 舒玉杰：《中国茶文化今古大观》，北京出版社，1996年，第552页。

6. （宋）薛居正等撰：《旧五代史》，卷一百一十六，《周书·世宗纪三》，中华书局，1985年。

财富。[1]关于我国茶叶的起源问题，历来的争论主要集中在茶叶是否是由神农氏所创造和秦汉以前的"茶""茗"等是否是茶等问题上。陆羽在《茶经》中提道："茶之为饮，发乎神农氏，闻于鲁周公。"[2]《茶经》中还提道："茶者，南方之佳木也。一尺两尺乃至数十尺。其巴山陕川有两人合抱者，伐而掇之。其树如瓜芦，叶如栀子，花如白蔷薇，实如栟榈，茎如丁香，根如胡桃。其子或从草，或从木，或草木并。其名，一曰茶，二曰槚，三曰设，四曰茗，五曰荈。"[3]陆羽不仅提到了茶叶起源于神农氏的传说，还提到巴山陕川地区的茶树，并对相关的茶叶名词进行了说明。《茶经》作为我国最早的茶叶专著，影响深远，现在很多学者依然沿用陆羽的说法。

茶叶从出现到唐代，大都在南方流行，所以陆羽在《茶经》开篇就说："茶者，南方之嘉木也。"到中唐时期，茶叶随着佛教在北方的盛行而逐渐传播开来。《封氏闻见录》卷六"饮茶"条记载："茶早采者为茶，晚采者为茗。《本草》云，止渴，令人不眠，南人好饮之，北人初不多饮。开元中，泰山灵岩寺有降魔师，大兴禅教。学禅，务于不寐，又不夕食，皆许其饮茶，人自怀挟，到处煮饮，从此相传仿效，遂成风俗……楚人陆鸿渐为茶论，说茶之功效，并煎茶、炙茶之法，造茶具二十四事，以都统笼贮之，远近倾慕，好事者家藏一副。有常伯熊者，又因鸿渐之论广润色之，于是茶道大行，王公朝士无不饮者……始自中地，流于塞外，往年回鹘入朝，大驱名

马，市茶而归，亦足怪焉。"[4]从封演的记载来看，中唐之后随着禅教兴起，饮茶从北方寺院逐渐向外传播。后经过陆羽、常伯熊等人的宣传，茶道逐渐大行，后又流传到塞外。从五代十国到北宋，饮茶风俗在北方少数民族间进一步传播，东北地区也出现了饮茶的记载。饮茶逐渐成为举国上下的国风民习，一直延续至今。

贡茶是我国古代各地方向朝廷进献的名贵特产之一，是专供皇室的物品。关于贡茶的起源，现今见于确切文字记载的是晋代常璩的《华阳国志·巴志》。周武王灭商后，巴蜀部落"鱼铁盐铜，丹漆茶蜜……皆纳贡之……园有芳蒻香茗"[5]。这里的"香茗"即茶叶。同时，作为一种赋税形式，贡茶也是政治上确立君臣关系的一种表现形式，是特定历史阶段的一种文化现象。如五代时，"江南国主李璟遣其臣伪翰林学士户部侍郎钟谟等，奉表来上，叙原依大国称臣纳贡之意，仍进……茶茗、药物等"[6]。现存文献中最早有具体数字的贡茶记载出现于宋徽宗政和六年（1116）寇宗奭所著《本草衍义》中："东晋元帝时，温峤官于宣城，上表贡茶叶一千斤、贡芽三百斤。"刘宋时期山谦之的《吴兴记》有"浙江乌城县西二十里，出御荈"的记载。毛文锡《茶谱》记载："扬州禅智寺，隋之故宫寺旁蜀冈，其茶甘香味如蒙顶焉，第不知入贡之因起于何时，故不得而知也。"陈椽先生认为，从《吴兴记》中可以断定东南产茶区4世纪时就已经有贡茶，从《茶谱》中可以推断出隋代

也有贡茶[7]。

唐代是中国古代贡茶制度的最终形成时期。贡茶制度自此历代相沿，直至专制王朝的终结。从唐代开始，出现了一批著名的产茶区。唐代湖州太守裴汶在其所著《茶述》中对唐代的土贡名茶进行了一番点评："今宇内为土贡实众，而顾渚、蕲阳、蒙山为上，其次则寿阳、义兴、碧涧、邑湖、衡山，最下为鄱阳、浮梁。"[8]这些地区所产的茶叶有：常州阳羡茶、舒州天柱茶、湖州顾渚紫笋茶、睦州鸠坑茶、宣州雅山茶、饶州浮梁茶、溪州灵溪茶、峡州碧涧茶、荆州团黄茶、雅州蒙顶茶、福州方山露芽等。这些茶叶品类，不仅在当时作为贡品进贡，而且也是著名茶品，很多茶品甚至延续到今天。

宋代的贡茶制度在沿袭唐代的基础上也有了很大变化，随着唐代顾渚山贡茶院的衰落，北宋政府在福建建安设立贡茶园，专门负责宫廷饮茶的供给。宋代学者赵汝砺在《北苑别录》中记载："建安之东三十里，有山曰凤凰，其下直北苑，旁联诸焙。厥土赤壤，厥茶惟上上。太平兴国中，初为御焙。庆历中，漕台益重其事，品数日增，制度日精，厥今茶自北苑者，独冠天下。"[9]相较于唐代的贡茶院，宋代的贡茶园规模更加庞大，形成了"独冠天下"的贡茶。在贡茶数量上，宋代贡茶园也远超前代。熊蕃在《宣和北苑贡茶录》中记载："太平兴国初，贡五十片……累增至元符，以片记者一万八千，视初已加数倍，而犹未盛，今则为四万七千一百片有奇矣。"[10]宋代北

苑茶园不仅茶产量巨大，且在制作工艺，以及外部包装、保存方面，都比前代有了很大的进步。宋徽宗在《大观茶论》中这样描述北苑的贡茶："本朝之兴，岁修建溪之贡，龙团凤饼，甲于天下。而壑源之品，亦自此而盛，延及于今。百废俱举，海内晏然……近岁以来，采摘之精、制作之工、品第之盛、烹点之妙，莫不盛造其极。"[11]北苑贡茶达到了"草木之灵者，亦得以尽其用"的境界。元代的贡茶仍以建安的皇家茶园为主，规模相对小于宋代。除了沿袭宋代在北苑的御茶园之外，元政府在武夷的四曲溪畔开设新的御茶园，扩大了御茶的生产区域。"元大德间，浙江行省平章高兴始采制充贡，创御茶园于四曲，建第一春殿，清神堂，焙芳、浮光、燕宾、宜寂四亭。门曰仁风，井曰通仙，桥曰碧云。"[12]宋元时期完备的贡茶园制度为明清时期贡茶制度的发展和完善奠定了良好的基础。

宋元时期除了贡茶园外，一些产茶地区也会向朝廷进贡一定数量的贡茶。这些产茶区域多数在唐代就已经贡茶。《宋史·地理志》中记载当时贡茶的地区有淮南东西路、南康军、广德军、江陵府、潭州、荆湖南北路、建宁府、南剑州、雅州、兴元府等，基本上囊括了当时重要的产茶区。

明代，贡茶的数量急剧上升，除了规模较小的几个皇家茶园外，贡茶主要依靠五个主产茶省的进贡。明太祖时，全国的贡茶数额分配为"南直隶五百斤、江西四百零五斤、湖广二百斤、浙江五百二十斤、

7. 陈椽：《茶叶通史》，中国农业出版社，2008年，第427页。

8.（唐）裴汶：《茶述》，载《茶经·续茶经》，中国文联出版社，2016年。

9.（宋）赵汝砺：《北苑别录》，载《大观茶论：宋代经典茶书八种》，九州出版社，2018年，第400—402页。

10.（宋）熊蕃、熊克：《宣和北苑贡茶录》，载《大观茶论：宋代经典茶书八种》，九州出版社，2018年，第366页。

11.（宋）赵佶：《大观茶论》，载《大观茶论：宋代经典茶书八种》，九州出版社，2018年，第245—248页。

12.（明）徐𤊹：《茶考》，载陈祖椝、朱自振编著《中国茶叶历史资料选辑》，农业出版社，1981年，第316页。

13.《古今图书集成·食货典》卷一三九,"贡献部"。

14.(清)刘源长辑:《茶史》,雍正六年墨韵堂刻本。

15.(清)吴振棫撰,童正伦点校:《养吉斋丛录》,中华书局,2005年,第309页。

16.参阅何新华:《清代贡物制度研究》,社会科学文献出版社,2012年,第11—12页。

17.中国第一历史档案馆藏:《奏销档666–109:奏为各处呈进方物现拟缓进等事折,附各处呈进方物及现拟缓进方物清单,咸丰五年八月二十九日》。

福建二千三百五十斤"[13]。其品种也不断发生变化,散茶取代宋元时期的"龙团凤饼",成为贡茶的主体,"历代贡茶皆以建宁为上,有龙团、凤团、石乳、滴乳、绿昌明、头骨、次骨、末骨、京铤等名。而密云龙品最高,皆碾末做饼。至明朝,始用芽茶,曰探春、曰先春、曰次春、曰紫笋及荐新等号,而龙凤团皆废矣,则福茶固甲于天下也"[14]。从明代开始,贡茶主要是以散茶为主。散茶的流行也带动了饮茶方式的变化。

清代承袭了明代的贡茶制度,并在其基础上扩大了贡茶区域,贡茶数量和品种也增加很多。清代的贡茶省份由明代的五省扩展到十三省,品种也大量增加,基本囊括了主要的茶叶品类,其规模和数量也远超前代。清代,贡茶制度更加完备,不论是采买、包装、运输还是接收,都形成了一套完备的制度体系,这些制度环环相扣,保证了清代贡茶的正常供应。清代贡茶涉及的部门、人员不仅包括各地方政府官员、茶农,还包括中央的礼部、户部、奏事处、茶库、茶房等机构。在贡茶的征缴、解运、接收过程中,各个部门分工明确、职责清晰,这种完备的体系超过了以往任何一个朝代,成为清代进贡体系的一个极具特色的组成部分。

二、清代的贡茶制度

中国的贡物制度在清代进入了一个新的发展阶段。相较于前代,清代贡物种类繁多,既有行省土贡、官员例贡等,也有迎銮、陛见、谢恩等非例行进贡。《养吉斋丛录》记载清代贡制:"任土作贡,古制也。各直省每年有三贡者,有二贡者,其物亦屡有改易裁减。"[15]这是例贡之制。清代的各类贡物基本上属于有偿征收,行省土贡在各省正赋项下开销,官员例贡经费也大部分来自公帑。这与之前的朝代以超经济剥削或变相征收实物税的方式不同[16]。根据清代制度,"各省督抚、将军、府尹及盐政、关差、织造等历年呈进缎绸食品等项,系预备祭祀、供鲜并皇上御用内廷所需,以及颁赏外藩之用"[17]。这些进贡的茶叶、食品、绸缎等物品大都是各管辖区内特产。清代各地官员通过土贡或其他进贡方式将区域内的这些物产进献到宫廷,满足了皇室的物质需求,同时也通过进贡加强了地方对中央的向心力,增强了皇帝与官员之间的情感联系。

从清代的进贡制度上看,茶叶既有"任土作贡"的土贡贡茶,也包括各类节贡及其他不定期进贡活动中进献的茶叶。为表述明确,在此将清代的贡茶分为土贡和非土贡两类:土贡即贡茶区每年进贡的定额茶叶,非土贡包括节日进贡及一些临时性进贡。

在土贡方面,清代的贡茶制度基本上延续了明代的做法,规定了地方贡茶的数量、运抵京城的时间和到京城的交接、验收等。贡茶的采办是由地方官员具体负责,京城内由礼部负责接收。顺治七年(1650),清廷决定改由礼部执掌贡茶(原为户部执掌）。应贡之茶，均从土产处所起解，一律送礼部供用。这年，礼部还照会各产茶省布政司，规定所贡茶叶于每年谷雨后十日起解，定限日期解送到部，延缓者参处。[18] 如"康熙五十六年，内务府官员上奏称，查得茶库所进所用六安芽茶缘由一事。于康熙五年六月内奉旨是问该部，此茶或系该处出产之物，或系进贡，或销算钱粮交送缘由，查明钦此。随行，据礼部复称会典内开旧例每年所进新茶俱由出产之处解运等语"[19]。虽然路途遥远，运输艰难，但朝廷规定："凡解纳，顺治初，定直省起解本折物料，守道、布政使差委廉干官填付堪合，水路拨夫，限程押运到京。"[20] 贡茶必须要在规定的时间内解送至京。到京以后"解员事竣，由部给领司，任限照正印解员于引见后填给，经杂解员于发实后填给"[21]。严格的程序对地方官运送贡茶提出了更高的要求。各地官员想尽一切办法，通过各种手段将茶叶在规定的时间内运到京城。清代继承了明代的递运制度。到康熙时，递运所逐步裁减，驿站开始配备专门负责运输的驿夫。不论是军用物品还是地方贡品，都是通过驿站转运的[22]。清代的贡茶基本上是通过驿站运送至京城的。除此之外，一些路途遥远的省份，还会通过水路运送贡茶，这样在很大程度上可以节省人力、物力及时间，但同时也对贡茶包装在防水、防潮等方面提出了更高的要求。

我们以普洱茶为例来看。清代学者阮福在其著作《普洱茶记》中记载："福又检贡茶案册，知每年

进贡之茶，例于布政司库铜息项下，动支银一千两，由思茅厅领去转发采办，并置办收茶锡瓶、缎匣、木箱等费，其茶在思茅，本地收取鲜茶时，须以三四斤鲜茶，方能折成一斤干茶。每年备贡者，五斤重团茶，三斤重团茶，一斤重团茶，四两重团茶，一两五钱重团茶，又瓶盛芽茶、蕊茶，匣盛茶膏，共八色。思茅同知领银承办。"[23] 从记载中我们可以看出，当时普洱贡茶采办的基本流程，即贡茶所需花费由布政司铜息项下动支，每年一千两，由思茅厅同知领去转发采办，这笔款项包括收取茶叶、包装等费用。思茅地方官员收取鲜茶叶时，三四斤鲜茶方能制成干茶一斤。具体的贡茶品类有八色，即五斤重团茶，三斤重团茶，一斤重团茶，四两重团茶，一两五钱重团茶，又瓶盛芽茶、蕊茶，匣盛茶膏，这也是普洱贡茶的主要品类。普洱茶成为贡茶之后，其采摘和购销都受到清政府的严格控制。"于二月间采蕊极细而白，谓之毛尖，以作贡，贡后方许民间贩卖。"[24] 普洱贡茶的采摘制作非常讲究，有所谓"五选八弃"之说。[25]这种严格的程序保证了皇帝能享用最好的茶叶。每年贡茶的数量非常之大。以倚邦为例，"倚邦贡茶，历史上皇帝令茶山要向朝廷纳一项茶叶，称之为贡茶，年约百担之多"[26]。光绪二十九年（1903），思茅官府向倚邦茶山催缴贡茶的文书"扎"中记载："奉思茅府谢扎开除原文有案外封宾采办，先尽贡典，生熟蕊芽办有成数，方准客茶下山，历办在案。兹当春茶萌发之际，亟应乘时采办，切勿延迟……为此仰

18.《大清会典（康熙朝）》，卷七十三，"礼部·主客清吏司·岁进芽茶"。

19. 中国第一历史档案馆藏：《奏销档204-195：奏请每年额解六安茶四百袋折，乾隆六年五月十七日》。

20.《大清会典（雍正朝）》，近代中国史资料丛刊三编，台北文海出版社，第 77 辑，第 2745 页。

21. 故宫博物院编：《钦定户部则例》，海南出版社，2000 年，第 175 页。

22. 参见刘文鹏：《清代驿传及其疆域形成关系之研究》，中国人民大学出版社，2004 年，第 4 页。

23.（清）阮福：《普洱茶记》，载陈祖槼、朱自振编著《中国茶叶历史资料选辑》，农业出版社，1981 年，第 396 页。

24.（清）阮福：《普洱茶记》，载陈祖槼、朱自振编著《中国茶叶历史资料选辑》，农业出版社，1981 年，第 396 页。

25. 参阅徐斌：《马背上的贡品——普洱茶入宫记》，《紫禁城》2006 年第 3 期。

26.《版纳文史资料选辑》第 4 辑，第 16 页。另，清代关于茶叶的计量单位，1 担大约 150 斤。美国学者托马斯·莱昂斯在茶叶计量单位上，1 担=133.33 磅，见氏著《中国海关与贸易统计 1859—1948》附录，浙江大学出版社，2009 年。

27. 转引自黄桂枢：《普洱府贡茶缘由考》，YUNNAN.CN，2020 年 6 月 8 日。

28. 故宫博物院编：《钦定户部则例》，海南出版社，2000 年，第 165、175 页。

29. 参阅郭成康：《清代政治论稿》，三联书店，2021 年，第 425 页。

30.（清）吴振棫撰，童正伦点校：《养吉斋丛录》，中华书局，2005 年，第 315 页。

本山头目及管茶人等遵照，谕到即行饬令茶民，乘时采摘贡品芽茶及头水细嫩官茶，速急收就运倚（邦）交仓，以凭转接思（茅）辕。事关贡典，责任非轻，该目等务须认真扎催申解，勿得延埃远误摘采，即期不缴，定即严提，比追不贷。"[27] 这种严格的贡茶管理制度，从雍正时期一直延续到清末。

表1：各省贡品到京路程及时限（以驿站数量计算）[28]

起始地方	到京历经驿站数量（单位：站）	到京时限（单位：天）
直隶	5	20
山东	15	30
山西	19	30
河南	23	30
广东	56 零 5 里	90
广西	72	100
江苏	（陆路）41 （水路—通州）39	50
安徽	45	55
江西	54	60
浙江	47	55
湖北	45	50
湖南	60	70
福建、四川		80
云南		110
贵州		100

土贡之外，清代还有各种进贡名目，特别是从乾隆十六年（1751）首次南巡即圣母皇太后六旬庆典之后，臣工贡献从每年两三次的万寿节、元旦进贡之外，发展到端午、中秋、上元等节也要进贡，还有诸如路贡、陛见贡、谢恩贡等。[29] 不仅进贡名目繁多，各级官员也各有进贡，《养吉斋丛录》中有"曩万寿节，大学士、尚书、侍郎、各省督、抚，皆有贡。以九为度，一九则九物，至九九而止。"[30] 在《养吉斋

从录》中记载的各省官员端阳和年贡的进贡物品中，涉及茶叶的有：

两湖督端阳进：通山茶一箱，安化茶一箱。陕西抚端阳进：吉利茶九瓶。陕西抚年贡进：吉利茶五瓶。四川督年贡进：仙茶二银瓶，陪茶二银瓶，菱角湾茶二银瓶，春茗茶二银瓶，观音茶二银瓶，名山茶二锡瓶，青城芽茶十锡瓶，砖茶一百块，锅焙茶九包。浙江抚端阳进：芽茶三十瓶。安徽抚端阳进：珠兰茶一箱，松萝茶一箱，银针茶一箱，雀舌茶一箱，梅片茶一箱。江西抚端阳进：永新砖茶一箱，安远茶一箱，庐山茶一箱。云贵总督端阳进：普洱大茶五十元，普洱中茶一百元，普洱小茶一百元，普洱女茶一百，普洱珠茶一百元，普洱芽茶三十瓶，普洱蕊茶三十瓶，黄缎茶膏三十匣。陕甘督端阳进：同州吉利茶五瓶。[31]

上述《养吉斋丛录》中记载的只是部分官员年贡或端阳进贡的情况。除此之外，有一些不定期的进贡中也会有一定数量的茶叶，如来京陛见贡、谢恩贡、传办贡等。这些不定期进贡的茶叶由奏事处转进，多直接交宫廷的茶房收贮，不须经礼部转手。光绪朝《钦定大清会典事例》记载："各省土贡、外藩例贡，皆由奏事处呈递。"[32] 奏事处内外分设，进单呈进后由外奏事处接收，转内奏事处接奏，贡品由奏事太监呈览[33]。如安徽地方"查该省例贡芽茶向系委员解交礼部，由礼部奏交内务府查收，存库后知照该部办给批回，其各省端阳年节应进贡品亦系由

该省缮具贡单，专差解京，交奏事处转进"[34]。这是非例贡茶叶进贡的基本程序。

下面我们以乾隆二十二年（1757）七月十三日，贵州巡抚定长进贡为例来看。其贡品有"画玻璃炕屏九扇，玻璃挑杆灯一对，象牙牙签筒十匣，象牙搬指套十匣，洋瓷手盂九对，雄晶扇坠十匣，雄晶水盛一匣，雄晶镇纸一匣，紫檀折叠高足行几一对，象牙席面折叠矮足行几一对，玳瑁面折叠矮足行几一对，皮胎描金手盂八十个，皮胎描金茶碗二百个，皮胎描金果盘一百个，皮胎影花果盘一百个，朱砂锭二匣，印色朱砂四匣，普洱大茶一百圆，普洱女茶一千圆，普洱蕊珠茶二千圆，普洱茶膏一百匣，普洱蕊尖茶一百瓶，茯苓四圆"[35]。在此次的进贡单中，既有玻璃炕屏、象牙签筒、茶碗、果盘等实用器具，也有各类普洱茶、茯苓等土特产品。再如乾隆二十四年（1759）闰六月十九日，云贵总督爱必达进贡，其贡品单有"（交茶房）普洱大茶一百圆，（交茶房）普洱中茶一百圆，（交茶房）普洱小茶四百圆，（交茶房）普洱女茶一千圆，（交茶房）普洱蕊珠茶一千圆，（交茶房）普洱芽茶一百瓶，（交茶房）普洱蕊茶一百瓶，（交茶房）普洱茶膏一百匣"[36]。从爱必达的进单上看，普洱茶作为土特产的代表进贡较多。同时，进单表明了物品交收的地点，普洱茶都交茶房收贮。

与土贡的普洱茶由礼部验收不同，这类官员个人进贡的普洱茶多是直接转交到茶房收贮的。在

31.（清）吴振棫撰，童正伦点校：《养吉斋丛录》，中华书局，2005年，第311—314页。

32.《钦定大清会典事例》卷八十二。

33. 董建中：《清乾隆朝王公大臣官员进贡问题初探》，《清史研究》1996年第1期。

34. 中国第一历史档案馆藏：《奏销档708-149，奏为安徽巡抚进到贡芽茶等转饬茶库验收折，同治四年六月十二日》。

35.《清宫瓷器档案全集》卷五，第336页。

36.《清宫瓷器档案全集》卷六，第100页。

37. 中国第一历史档案馆藏：《奏销档432-174-1：奏为各省督抚所进土物数目缮单呈览事折，附各省督抚所进土物数目清单，乾隆五十七年五月初二日》。

38. 中国第一历史档案馆藏：《奏案05-0945-054：呈为各省应进方物数目清单，光绪十一年十二月初八日》。

进单上，我们可以明确看到很多茶叶上都有"收茶房""交茶房"的标识，说明这些茶叶很多直接进入宫廷的茶房，为宫廷日常生活所用。

三、清代的贡茶种类

从档案记载来看，有清一代，进入宫廷的贡茶品类有近百种之多。由于各种原因，并非所有的茶品都一直进贡，其中档案所见进贡持续时间较长的有六十余种。在此我们以《奏销档》中记载的乾隆五十七年各省督抚进贡的茶叶清单和光绪十一年各省应进茶叶清单为例来看。乾隆朝国家安宁、国力强盛，这一时期宫廷所用茶叶数量多、品类全，官员进贡茶叶频率高且数量多。相比起乾隆时期，光绪十一年的进单则表现了晚清王朝贡茶体系的情况。两相比对，可以窥探出清代贡茶品类的情况及变化。

表 2：乾隆五十七年与光绪十一年各地方官进贡茶叶品类一览

地方官员	乾隆五十七年（1792）各省督抚进贡茶叶品类[37]	数量	光绪十一年（1885）各省应进方物数目清单[38]	数量
两江总督	碧螺春茶	一百瓶		
	银针茶	十瓶		
	梅片茶	十瓶		
闽浙总督	莲心茶	四箱	莲心茶	
	花香茶	五箱	花香茶	
	郑宅芽茶	一箱		
	郑宅片茶	一箱		
云贵总督	普洱大茶	一百元	普洱大茶	一百元
	普洱中茶	一百元	普洱中茶	一百元
	普洱小茶	四百元	普洱小茶	一百元
	普洱女茶	一千元	普洱女茶	二百元
	普洱蕊茶	一千元	普洱珠茶	四百元
	普洱芽茶	一百瓶	普洱芽茶	五十瓶
	普洱蕊茶	一百瓶	普洱蕊茶	五十瓶
	普洱茶膏	一百匣	普洱茶膏	五十盒

续表 2：乾隆五十七年与光绪十一年各地方官进贡茶叶品类一览

地方官员	乾隆五十七年（1792）各省督抚进贡茶叶品类	数量	光绪十一年（1885）各省应进方物数目清单	数量
四川总督	仙茶	二银瓶	仙茶	二银瓶
	陪茶	二银瓶		
	菱角湾茶	二银瓶	菱角湾茶	二银瓶
	观音茶	二次二十七银瓶	观音茶	二银瓶
	春茗茶	二次十八银瓶	春茗茶	二银瓶
	名山茶	十八瓶	名山茶	二银瓶
	青城芽茶	一百瓶	青城芽茶	十锡瓶
	砖茶	五百块	砖茶	一百块
	锅焙茶	十八包	锅焙茶	九包
陕甘总督	吉利茶	二次十八瓶		
湖广总督	安化茶	十箱	安化茶	一箱
	砖茶	五箱	砖茶	一箱
			雨前茶	一箱
漕运总督	龙井芽茶	一百瓶		
河东河道总督	碧螺春	一百瓶		
江苏巡抚	阳羡芽茶	一百瓶	阳羡茶	二十瓶
	碧螺春茶	一百瓶	碧螺春茶	二十瓶
安徽巡抚	银针茶	二次八箱	银针茶	五箱
	雀舌茶	二次八箱	雀舌茶	五箱
	梅片茶	二次八箱	梅片茶	五箱
	珠兰茶	二次八箱	珠兰茶	五桶
	松萝茶	二次八箱	雨前茶	五箱
江西巡抚	永新砖茶	二箱	砖茶	五十块
	庐山茶	四箱	庐山茶	十瓶
	安远茶	三箱	赣关茶	二十瓶
	岕茶	四箱		
	储茶	三箱		
浙江巡抚	龙井芽茶	一百瓶	龙井芽茶	二十瓶
			各种芽茶	三十瓶
			桂花茶膏	二十匣

续表 2：乾隆五十七年与光绪十一年各地方官进贡茶叶品类一览

地方官员	乾隆五十七年（1792）各省督抚进贡茶叶品类	数量	光绪十一年（1885）各省应进方物数目清单	数量
福建巡抚	莲心茶	十大瓶		
	花香	十二大瓶		
	郑宅芽茶	六十小瓶		
	郑宅片茶	六十小瓶		
湖南巡抚	安化茶	一百瓶		
	界亭芽茶	九十瓶	界亭茶	二匣
	君山芽茶	五十瓶	君山茶	二匣
	安化砖茶	五匣	安化茶	二匣
湖北巡抚	通山茶	五箱	通山茶	二箱
			砖茶	一箱
陕西巡抚	吉利茶	九瓶		
云南巡抚	普洱大茶	一百元	普洱大茶	
	普洱中茶	一百元	普洱中茶	
	普洱小茶	二百元	普洱小茶	
	普洱女茶	一千元	普洱女茶	
	普洱蕊茶	一千元	普洱珠茶	
	普洱芽茶	一百瓶	普洱芽茶	
	普洱嫩蕊茶	一百瓶	普洱蕊茶	
	普洱茶膏	一百匣	普洱茶膏	
贵州巡抚	五斤重普洱茶	一百元	余庆芽茶	一匣
	四两重普洱茶	一千元	龙泉芽茶	
	一两五钱重普洱茶	二千元		
	普洱芽茶	五十瓶		
	普洱蕊茶	五十瓶		
	普洱茶膏	一百匣		
	龙里芽茶	五十瓶	龙里芽茶	一匣
	贵定芽茶	五十瓶	贵定芽茶	一匣
	湄潭芽茶	一百瓶		
山东巡抚			蒙茶	九匣
福州将军			岩顶花香茶	五十瓶
			工夫花香茶	五十瓶
			小种花香茶	十八瓶
			莲心尖茶	四匣

从长时段上来说，从乾隆五十七年到光绪十一年，这九十四年的时间里，清王朝经历了从鼎盛时期到被迫开关再到半殖民地的变化，可谓时局动荡、风云变幻。虽然国际国内形势发生了重大变化，但对于清王朝的贡茶体系来说，其实并未发生大的改变。通过上表，我们可以看出当时贡茶体系在清代中期和后期一些异同。

首先，从进贡的地方官员来看，都是辖区内有茶叶生产的地方官，变化不大。乾隆五十七年涉及进贡的官员有：两江总督、闽浙总督、云贵总督、四川总督、陕甘总督、湖广总督、漕运总督、河东河道总督、江苏巡抚、安徽巡抚、江西巡抚、浙江巡抚、福建巡抚、湖南巡抚、湖北巡抚、陕西巡抚、云南巡抚、贵州巡抚。而光绪十一年的进贡官员名单中两江总督、陕甘总督、漕运总督、河东河道总督、陕西巡抚未出现，而新增加了山东巡抚和福州将军。

总的来看，各个重要产茶区的巡抚进贡都一直持续下来，非常稳定，包括江苏、安徽、江西、浙江、福建、湖南、湖北、陕西、云南、贵州、四川这十一个省。相比乾隆时期，光绪时期只是增加了山东巡抚。而光绪时期未出现在名单中的两江总督、陕甘总督、漕运总督、河东河道总督、陕西巡抚等则是当时时局变化带来的调整。虽然光绪时，这些地方官员并未规定进贡茶叶，但在一些档案记载中还有他们零星地进贡茶叶的记录。这种局部的、动

态的变化在清代贡茶体系中一直存在。如上表中，光绪十一年出现了山东巡抚进贡蒙茶的情况。其实早在清朝中期，山东的蒙茶就已经成为例贡的土特产。如《奏销档》记载，咸丰五年八月二十九日的"各处呈进方物及现拟缓进方物清单"中，山东巡抚名下的有"俊羊皮、干菜、蒙茶、食品等项"。[39] 这种局部的动态变化也是清代贡物制度中常见的情况。

其次，从茶叶品类上看，贡茶呈现出整体稳定、局部变化的过程。上表中，两江总督、闽浙总督、云贵总督等辖区较广，涉及的产茶区较多，因此我们以省为单位进行分析。上表中涉及清代基本的产茶区，包括江苏、安徽、江西、浙江、福建、湖南、湖北、陕西、云南、贵州、四川、山东十二个省。[40] 纵向比较来看，乾隆五十七年与光绪十一年相比，绝大部分省份的贡茶品类没有发生变化。如江苏省的碧螺春茶和阳羡茶，湖南省的安化茶、界亭茶、君山茶，浙江的龙井茶，云南的普洱茶，湖北的通山茶，安徽省的银针茶、雀舌茶、梅片茶、珠兰茶等。也有部分省份的贡茶品类发生了变化，如安徽省松萝茶变成雨前茶，江西省的安远茶、岕茶、储茶变成赣关茶，贵州省的湄潭芽茶变成余庆芽茶和龙泉芽茶，四川省的陪茶在光绪时期未出现在贡单上。

关于茶叶的名称，虽然整体上没有大的改变，但不同时期的也略有差别，甚至同一时期的称谓也有所不同。如陕西进贡的吉利茶，在《故宫物品点查报告》中记载的是"蒺莉茶"。再如福建进贡的茶叶中，乾

39. 中国第一历史档案馆藏：《奏销档666-109：奏为各处呈进方物现拟缓进等事折，附各处呈进方物及现拟缓进方物清单，咸丰五年八月二十九日》。

40. 另外在档案记载中，偶有两广总督或广东巡抚进贡茶叶的案例，因表中未涉及，故在此不予讨论。

41. 雍正七年（1729）八月初六日，云南巡抚沈廷正向朝廷进贡茶叶，其中包括大普茶二箱，中普茶二箱，小普茶二箱，普儿茶二箱，芽茶二箱，茶膏二箱，雨前普茶二匣，从此开始了普洱茶的进贡。

42.《大清会典》记载，熬茶一桶，需用黄茶一包，盐一两，乳油二钱，牛乳一锡旋（每旋重三斤八两）。乾隆朝《钦定大清会典则例》，卷一百五十四，"光禄寺"。

43. 康熙朝《大清会典》，卷三十一，"户部·库藏二·本色钱粮"。

44. 雍正朝《大清会典》卷二百二十七，"内务府·广储司"。

45. 中国第一历史档案馆藏：《奏案05-0843-007：奏为酌议浙省应解黄茶碍难改折价银事，同治七年正月初八日》。

46. 如乾隆五十年十月二十七日规定，"绵懿福晋每日食物分例：每月黄茶二百包，每九十日六安茶一袋，每九十日芽茶二斤"。见中国第一历史档案馆藏：《奏销档393-151：奏为绵懿娶福晋行成婚筵宴等事折（附成婚后福晋每日应得食物等项清单），乾隆五十年十月二十七日》。

隆时期有"花香茶"，而到光绪时期不仅有"花香茶"，还分出岩顶花香茶、工夫花香茶和小种花香茶等不同种类。下面我们以普洱茶为例来看，清代普洱茶进贡的品种，按照阮福的《普洱茶记》记载："每年备贡者，五斤重团茶，三斤重团茶，一斤重团茶，四两重团茶，一两五钱重团茶，又瓶盛芽茶、蕊茶，匣盛茶膏，共八色。思茅同知领银承办。"这是每年土贡的常例。同时结合档案可以看出，官员进贡的普洱茶品主要也是这八种，即"普洱大茶、普洱中茶、普洱小茶、普洱女茶、普洱芽茶、普洱蕊茶、普洱蕊珠茶和普洱茶膏"。所以不论是土贡还是官员日常进贡，进贡的茶叶品类都是这八种。从档案记载来看，从雍正七年（1729）开始进贡普洱茶直到清末 [41]，其茶品都没有发生大的变化。故宫博物院现藏清代宫廷普洱茶文物一百多件，有团茶、茶饼、茶膏等，这些文物为我们认识宫廷的普洱茶提供了很好的实物依据。从实物的大小形状来看，五斤重团茶即普洱大茶，三斤重团茶即普洱中茶，一斤重团茶即普洱小茶，四两重团茶即女儿茶，一两五钱重团茶即珠茶，还有散茶和茶膏。在这些普洱茶叶名称中，比较容易混淆的是普洱蕊茶和普洱蕊珠茶，蕊茶是散茶，而蕊珠茶又称普洱珠茶，即一两五钱重团茶。其所用的单位名称也不一样，蕊茶的单位是"瓶"，而蕊珠茶的单位则是"元"。由于档案书写的原因，蕊珠茶经常被写成"蕊茶""珠茶""蕊珠"等各种名称。所以，厘清名称对于更好地认识贡茶很有必要。

在上表中，还出现了两种茶膏，普洱茶膏和桂花茶膏。茶膏是茶叶再生加工品，在清代档案和故宫博物院现藏的文物中共有三种茶膏，即普洱茶膏、桂花茶膏和人参茶膏。普洱茶膏一直是云南地方的特产，从开始进贡就出现一直延续到结束。而桂花茶膏和人参茶膏则是浙江地方进贡的，人参茶膏在嘉庆时期就已经出现在贡单中，而桂花茶膏则稍晚。从光绪十一年的贡单上看，桂花茶膏年贡二十匣，反映出宫廷对这类茶膏的需求量。

第三，除了上表中这些贡茶品类外，还有一些重要的茶叶品类并未出现在贡单中，如黄茶、天池茶、伯元茶、包子茶等，其中数量最大的当属黄茶和天池茶。除此之外，还有一些是晚清或小朝廷时期进入宫廷的茶叶品类，如普洱茶饼。

黄茶产自浙江，是清宫制作奶茶主要原料之一。[42]《大清会典》记载康熙时期，浙江布政司每年进贡黄茶一百二十篓。[43] 雍正时规定，浙江省每年送黄茶二十八篓，每篓八百包，由户部移送。[44] 到同治时期，内务府奏报称，黄茶产于浙江，"向由该省每年解交臣衙门二千八百斤以备内廷供用"。但清晚期由于黄茶产地受战乱的影响，造成了宫廷不敷使用。说明至少从康熙朝到同治朝，黄茶的进贡是持续稳定的，且数量很大。到清晚期出于各种原因，黄茶的进贡逐渐减少，因此出现了用安化茶代替的情况，正如内务府奏报称，"惟此项黄茶京中无从购办，前请以安化茶暂行抵用" [45]。在清代的宫廷分例中，每日的黄茶供应都有明确的数量要求，[46] 所以需求量很大。关于天池茶，产地待考。在《大清会典》中有大量关于天池茶的记载，如光绪朝《钦定大清会典》中记载："每次移取二两重黄茶四千八百包，天池茶六百斤，存库备用。"[47] 每次移取多达六百斤，数量很大。从档案记载来看，天池茶使用最多的就是日常分例和赏赐外藩公主、亲王等。[48] 从使用对象上看，天池茶应该也是用于制作奶茶。

在康熙前期，有许多清茶房用"伯元茶"的记载。如"太皇太后、皇太后一月所饮苍溪、伯元茶二斤八两……清茶房用伯元茶六斤，此一斤以八钱计，银四两八钱"[49]。"伯元茶"为满语音译，具体为何种茶叶尚不清楚。从档案记载来看，伯元茶应该是从宫外采购的，有具体的价格和采购记录，到康熙后期"伯元茶"就很少在档案中出现了。关于包子茶，在康熙十六年八月初一日至十七年六月三十日的宫廷用度中记载，"由户部领取每竹篓八百包之好包子茶九十竹篓，以备一年之用。若有剩余，则计入来年应领之茶数，若不足吗，则请旨奏准增领"[50]。从档案记载来看，每年应用的包子茶有七千多包，数量非常大。但由于没有实物存世，而且档案记载主要集中在康熙朝前期，之后未见到记载，这种满文转译来的名为"包子茶"到底是何种茶叶尚不得而知。关于"包子茶"名称的由来是否是用纸包包裹的茶叶，还是其他原因，现在也不确定。从档案记载来看，这两种茶叶主要出现在康熙前期，其后很少见到。

除上述的茶叶外，还有一些茶叶是清末或小朝廷时期进入宫廷的，这些茶叶在档案中不多见，我们以现存文物中的普洱茶为例来看。故宫博物院所藏普洱茶饼文物中，有方茶饼与圆茶饼两种。其具体的进贡时间，目前并未有准确的记载。从相关文献来看，至少在阮福所处的道光年间，这两种茶品尚未进贡，所以我们可以推测普洱茶饼的进贡时间应当是在清晚期或小朝廷时期。

我们以故宫博物院院藏文物为例来看，其中一件普洱茶圆饼，一组共七件，也就是人们俗称的"七子饼"。该组茶饼重 2.5 千克，高 19 厘米，直径 21 厘米。外用竹叶包装，以草绳扎捆，从残破部分可以看出里面每件茶饼都用纸包装，上有红色印记商标。另一件为普洱方茶饼，该组茶饼重 1.4 千克，长 15.5 厘米，宽 13.5 厘米，高 12.5 厘米。外用竹叶包装，以草绳扎捆，从残破部分可以看出里面每件茶饼都用纸包装，内飞[51] 中印有防伪印记。"云南普洱茶产于普洱府属之七山，曰易武……刊刷圆形牌印方为真。"从普洱茶饼上的印记看，"云南普洱茶产于普洱府属之七山"及其他防伪字样的出现，说明这些茶饼应该是溥仪小朝廷时期进入宫廷的。在故宫博物院现存的茶叶文物中，还有一些诸如此类的文物。这些文物均为"故"字号[52] 说明是当时宫廷所用。如何看待逊帝小朝廷时期进入宫廷的茶叶，这是我们需要讨论的。一种长时间持续的进贡制度，其所带来的惯性是我们需要考量的。小朝廷时期的许多物品特别是生活必需品依然延续着进贡的传统，

47. 光绪朝《钦定大清会典》，卷七十三，"光禄寺"。

48. 关于分例，如清宫规定，皇贵妃、妃、嫔日用天池茶八两，贵人天池茶四两。见（清）鄂尔泰、张廷玉等编：《国朝宫史》，北京古籍出版社，1994 年，第 398—400 页。关于赏赐外藩，如康熙五十九年规定，哲布尊丹巴胡图可图来京每日给天池茶一百包，其他外藩王公每天亦有天池茶分例。见嘉庆朝《钦定大清会典事例》，卷四百七，礼部一百七十五，"各处喇嘛伩癀"。

49.《安泰等为宫廷用项开支银两的本，康熙十七年闰三月二十七日》，载辽宁社会科学院历史研究所等译编：《清代内阁大库散佚满文档案选编》，天津古籍出版社，1991 年。

50.《吐巴等为请旨领用包子茶的题本，康熙十七年七月二十一日》，载辽宁社会科学院历史研究所等译编：《清代内阁大库散佚满文档案选编》，天津古籍出版社，1991 年。

51. 内飞，即压在茶菁中的厂方或定制者标记，可做辨识的依据。普洱茶的内飞是指在紧压茶里的印刷制片，由于压在茶内，不易调换，因此有较好的识别作用。近代以来，很多著名的普洱茶厂商都会在茶叶上加内飞，这些内飞某种意义上也成为鉴定茶叶的一种依据。

52. 故宫博物院所藏的"故"字号文物为清宫旧藏的遗存文物，特此说明。

53.《故宫物品点查报告》是清室善后委员会 1924 年至 1930 年点查故宫物品之后出版的资料性图书。《故宫物品点查报告》的出版，为故宫博物院后续的工作打下了基础，成为了解院藏文物藏品情况的第一手资料。参见何媛:《〈故宫物品点查报告〉出版始末》，载《紫禁城》2016 年第 5 期。

54. 清室善后委员会刊行:《故宫物品点查报告》第二编，第六册，卷四，"茶库"。

每年各地的土特产品依然通过各种渠道大量进入紫禁城，满足宫廷生活的需要。其中很多茶叶就是在这一时期进入紫禁城的，我们仍然将其纳入贡茶的范畴，或者可称其为贡茶的余音。

四、《故宫物品点查报告》中记载的贡茶

经历了清末及小朝廷时期动乱时局，茶叶作为日常消费品，能保存下来殊为不易。清室善后委员会刊布的《故宫物品点查报告》[53]中详细记录了故宫博物院成立时宫廷遗存的茶叶情况，包括当时所存的茶叶品类、数量、存放地点等。从当时的记载来看，计数单位有"半屋""一架""二十八箱""六十桶""七十匣"等，甚至还有许多"未点数"的记录，从记载上看，当时茶叶的数量应该是很大的。

表 3:《故宫物品点查报告》中记载的茶叶品种、数量及存放地点一览

编号	茶名	数量	备注	存放地点
以下为茶库存贮茶叶情况[54]				
二七	安远茶	二二筒		茶库
二三九（号内 3）	茶砖	三块		
二四〇	阳羡茶	二八箱		
二四一	各种花香	二八箱		
二四二	各种莲心	十九箱		
二四三	六安茶	十箱		
二四四	各种莲心	十四箱		
二四五	蒙茶	九箱		
二四七	花香茶	四箱		
二五二	红茶	一木箱		
二五四（号内 14）	工夫花香茶	五瓶		
二五五（号内 4）	莲花尖茶	一木匣	四铁盒	

续表 3：《故宫物品点查报告》中记载的茶叶品种、数量及存放地点一览

编号	茶名	数量	备注	存放地点
二五五（号内 5）	人参茶膏	一木匣	内二十盒	
二五五（号内 6）	大小普洱茶	十五锡瓶	在一破匣内	
二五五（号内 7）	人参茶膏	一小罐		
二五五（号内 9）	茶叶	二桶		
二五五（号内 10）	茶叶	一布包		
二五五（号内 11）	茶叶	一桶		
二五五（号内 12）	普洱茶	五匣	十瓶	
二五五（号内 13）	茶叶	七盒	附茶膏五块在破盒底内	
二五七	茶叶	一匣	二桶	
二六一至三〇〇	茶叶	四十箱	内分装瓶匣不等	
三〇二（号内 3）	茶叶	一箱		
三〇二（号内 4）	茶叶	六瓶		
三〇四	砖茶	七十块	带一木方盘	茶库
三〇五至三〇九	砖茶	五匣	内盛块数不等	
三一〇至三一五	严（岩）顶花香茶	六匣	内盛瓶数不等	
三一七（号内 1）	芙蓉天尖	六包		
三一七（号内 2）	普洱茶	二块		
三一七（号内 3）	茶叶	十桶	桶系锡制外带黄锦包袱	
三一七（号内 20）	珠兰贡茶	六十桶		
三一七（号内 21）	工夫花香茶	七十匣	每匣六十瓶	
三一七（号内 22）	工夫花香茶	五十四瓶		
三一八	阳羡茶	四十箱	每箱二瓶	
三一九	碧螺春	八箱		
三二〇	茶叶	五十箱	每箱四瓶	
三二一	名山茶	七箱		
三二二至三二四	茶叶	六八箱		

续表3：《故宫物品点查报告》中记载的茶叶品种、数量及存放地点一览

编号	茶名	数量	备注	存放地点
三二五	小种花香茶	十二箱		茶库
三二六	通山茶	二箱	自三二〇号起至三二六号止均原箱未开	
三二七	莲心尖茶	三箱		
三二八	工夫花香	二箱		
三二九	通山茶	一箱	十锡盒	
三三〇	花香茶	十五箱	每箱二锡盒	
三三一	蒙茶	一箱	二锡盒	
三三二	珠兰茶	二箱	共四桶	
三三三	通山茶	三箱		
三三四	茶叶	一箱	二匣	
三三五	小种花香茶	四箱	每箱六匣带小锡盒	
三三六	工夫花香茶	一箱	每箱二匣带小锡桶各十	
三三七	珠兰茶	四箱	每箱二锡桶	
三三八	名山茶	一箱	九锡瓶原箱未开	
三三九	茶叶	六箱	每箱二匣	
三四〇	莲心茶	二七箱		
三四一	花香茶	二箱		
三四二	蒙茶	一三二箱		
三四三	莲心花香茶	五五箱	棕包长方箱	
三六三	各色普洱茶	四架		
三六四	各种茶膏	一架		
三六五	各种普洱茶	半屋	木箱盛装	
三八一至三八三	阳羡茶	三箱	内装十匣八匣不等共计二八匣	
三八七	未记录何种茶叶		茶叶箱子二大间，未点数，系后库中间屋西头二间	

续表3 :《故宫物品点查报告》中记载的茶叶品种、数量及存放地点一览

编号	茶名	数量	备注	存放地点
以下为茶库之外，各宫殿存有茶叶的记录				
第二五	普洱茶	九瓶		坤宁宫 [55]
一三一	普洱茶	九捆	一木柜，其中第一层为普洱茶方圆九捆	坤宁宫
七二	云南普洱茶	一箱		承乾宫 [56]
七三	云南普洱茶	一捆		承乾宫
七七	云南普洱茶	一箱		承乾宫
四七九	各种普洱茶	双层木箱一个		承乾宫
九四五	普洱茶膏	一木箱		如意馆 [57]
七五一	普洱茶团	一团		太极殿 [58]
九七八	人头普洱茶	五包		养和殿 [59]
一二二四（号内1）	普洱茶	十捆		永寿宫后殿 [60]
三一〇三	茶叶	十三包		体顺堂及各厢房 [61]
二九五四	茶叶	二十匣		体顺堂及各厢房
金字四六二（号内1）	大小人参茶膏	七罐		永寿宫 [62]
一七一二	茶叶	一箱		永寿宫后殿 [63]
一六四	武彝茶	四匣		皮库·瓷库 [64]
一六五	安化茶	二十五罐		皮库·瓷库
九四二	茶膏、茶叶	茶膏五块，茶叶三瓶	粗板箱一个，内盛茶膏五块，茶叶三瓶	如意馆 [65]
九四三	茶叶	一木箱		如意馆
九四四	大小茶膏	五二块	带一长木箱无盖	如意馆
九四五	普洱茶膏	一木箱	未点数	如意馆
九四六	龙井芽茶	六十罐		如意馆

55. 清室善后委员会刊行 :《故宫物品点查报告》第一编，第二册，"坤宁宫部分"。

56. 清室善后委员会刊行 :《故宫物品点查报告》第二编，第三册，"承乾宫部分"。

57. 清室善后委员会刊行 :《故宫物品点查报告》第二编，第八册，"如意馆部分"。

58. 清室善后委员会刊行 :《故宫物品点查报告》第三编，第一册，"太极殿部分"。

59. 清室善后委员会刊行 :《故宫物品点查报告》第三编，第三册，"养和殿部分"。

60. 清室善后委员会刊行 :《故宫物品点查报告》第三编，第五册，"永寿宫部分"。

61. 清室善后委员会刊行 :《故宫物品点查报告》第三编，第四册，卷三，"体顺堂及各厢房等处附补号"。

62. 清室善后委员会刊行 :《故宫物品点查报告》第三编，第五册，卷二，"永寿宫"。

63. 清室善后委员会刊行 :《故宫物品点查报告》第三编，第五册，卷三，"永寿宫后殿"。

64. 清室善后委员会刊行 :《故宫物品点查报告》第五编，第二册，卷五，"皮库·瓷库"。

65. 清室善后委员会刊行 :《故宫物品点查报告》第二编，第八册，卷一，"如意馆"。

66. 清室善后委员会刊行：《故宫物品点查报告》第三编，第二册，卷二，"南库"。

67. 清室善后委员会刊行：《故宫物品点查报告》第三编，第三册，卷一，"翊坤宫·储秀宫"。

68. 清室善后委员会刊行：《故宫物品点查报告》第一编，第二册，卷二，"坤宁宫东暖殿东配殿西暖殿西配殿太医值房迤南等处"。

69. 清室善后委员会刊行：《故宫物品点查报告》第二编，第三册，卷一，"承乾宫"。

70. 清室善后委员会刊行：《故宫物品点查报告》第二编，第三册，卷二，"永和宫"。

71. 雍正朝《大清会典》，卷二百二十七，"内务府·广储司"。

续表 3：《故宫物品点查报告》中记载的茶叶品种、数量及存放地点一览

编号	茶名	数量	备注	存放地点
九五四	蒙茶	二一箱		如意馆
九五五	邛州等细茶	三木箱		如意馆
九五七	茶叶	一铁箱		如意馆
二	茶叶	十七铁盒		南库 66
五九五（号内1）	茶叶	三木盒		翊坤宫·储秀宫 67
五（号内14）	蔡莉茶	一纸包		坤宁宫东暖殿东配殿西暖殿西配殿太医值房迤南等处 68
三九三	茶叶	半箱		承乾宫 69
三九五	竹兰茶叶	一箱		承乾宫
一六六	紫竹灵山茶叶	四小瓶		永和宫 70

从上表中我们可以得出以下两点信息：

首先，贡茶的存贮机构。从上表中我们可以看出，虽然在其他宫殿中也会有一些茶叶存放，但茶库是清宫存放茶叶的主要机构，这与档案记载是一致的。关于茶库的设置，雍正朝《大清会典》记载："康熙二十八年，奏准于裘、缎二库内，分设茶库，管收贡茶、人参、金线、绒丝、拓张、香等物。"71 茶库设置后历代相沿，其基本功用未发生大的变化。《故宫物品点查报告》是溥仪离开紫禁城后清室善后委员会编著的，此时距离清王朝统治结束已经过去了十几年，尚且存有如此大量的贡茶，可以想象清代鼎盛时期茶库内存贮的贡茶的数量应该非常大。

其次，关于茶叶的品类。从上表中，我们可以看出当时库存的茶叶品类有：安远茶、龙井茶、龙井芽茶、碧螺春茶、阳羡茶、银针茶、雀舌茶、珠兰茶、松萝茶、莲心茶、工夫花香茶、郑宅茶、安化茶、君山茶、通山茶、仙茶、普洱茶、蒙茶、蔡莉茶、紫竹灵山茶、武彝（夷）茶、蒙茶、邛州细茶、岩顶花香茶、芙蓉天尖茶、茶砖、人参茶膏、普洱茶膏以及各类未具体命名的茶叶。从茶叶名称上看，这些茶叶品类基本都出现在上文乾隆五十七年和光绪十一年的进单中，说明当时紫禁城内还保留或使用这些茶品，也说明在一百多年的时间里贡茶的品类基本稳定。

另外，在上表中出现了很多次"茶叶"，只标记茶叶而无具体名称。如茶库内二五五（号内9）为茶叶二桶，二五五（号内10）为茶叶一布包，二五五（号

内 11）为茶叶一桶等。在九十一条记录中，"茶叶"就出现了二十二条，接近四分之一，数量很大。之所以出现这种情况，是因为当时的工作人员也无法辨认一些外包装上没有名称的茶叶，故都称之为"茶叶"。直到今天，仍有一些茶叶我们无法确定其确切的名称，需要今后进一步研究。

五、故宫博物院现藏茶叶文物

从故宫博物院建立到将茶叶真正作为文物保管起来，又经历了数十年的时间。出于各种历史原因，现在剩下四百余件茶叶文物。不过幸运的是，现存的四百余件茶叶文物基本囊括了《故宫物品点查报告》中记载的茶叶品类，这些茶叶文物多数状况良好，甚至有些茶叶封条尚未打开。从茶叶文物的包装上看，基本上囊括了档案中记载的各类茶叶包装，包括锡、银、铁、木、瓷、竹笋叶等不同材质。在这些茶叶外包装上附带有大量的信息，包括茶叶名称、时间、产地等。这些茶叶文物也成为我们认识和了解清代贡茶最好的实物见证，而且文物本身所蕴藏的信息可以帮助我们更加深入地研究。下面具体来看：

首先，文物本身蕴含的信息有助于加深我们对茶叶历史文化的认识。从现存的茶叶文物来看，大多数茶叶文物名称都在档案中出现过，这些我们比较容易理解。特别是诸如龙井茶、碧螺春茶、普洱茶、六安茶、安化茶、武夷茶、蒙顶山茶等，这些有名

的茶叶品类是清代贡茶的主体。我们通过现存的茶叶文物，可以了解清代茶叶原本的面貌，如茶叶叶片、加工方式及外包装反映的信息等。下面我们以陪茶、名山茶、普洱蕊茶和普洱茶膏为例来看：

关于四川蒙顶山地区出产的陪茶和名山茶。从档案记载来看，在乾隆五十七年，四川总督进贡：仙茶二银瓶，陪茶二银瓶，菱角湾茶二银瓶，观音茶二次二十七银瓶，春茗茶二次十八银瓶，名山茶十八瓶，青城芽茶一百瓶，砖茶五百块，锅焙茶十八包。而光绪时清代四川总督年贡茶品包括：仙茶二银瓶，菱角湾茶二银瓶，春茗茶二银瓶，观音茶二银瓶，名山茶二银瓶，青城芽茶十锡瓶，砖茶一百块，锅焙茶九包。在乾隆时期，银瓶包装的茶叶为"仙茶、陪茶、菱角湾茶、观音茶和春茗茶"，名山茶和青城芽茶则用锡瓶包装。而光绪时期不仅数量减少，银瓶盛装的茶叶中，陪茶不再出现而代之以名山茶。在故宫博物院现藏的文物中，我们发现有银瓶盛装的陪茶文物，且文物包装与《蒙顶茶说》中的记载完全一致，"陪茶两银瓶，瓶制圆，如花瓶式……皆盛以木箱，黄缣，丹印封之"。而名山茶文物的包装则为锡制圆桶，由此我们可以推断，此陪茶、名山茶应为光绪十一年之前的茶叶，甚至更早。

由于茶叶本身的文物属性，确定其年代本身就是一个很难的课题。而通过茶叶包装的对比，对确定茶叶生产的年代很有帮助，这也是我们判定很多茶叶年代的一个重要依据。

中国茶叶名称中，名为"蕊茶""芽茶"的茶品

72.《乾隆四十年八月初四日署云贵总督图思德进单》,《清宫瓷器档案全集》卷十三, 第368页。

73.《乾隆四十六年七月二十九日福康安进单》,《清宫瓷器档案全集》卷十六, 第178页。

很多, 多指细嫩的茶芽或茶叶。在档案记载中, 我们也会看到许多"蕊茶"或"芽茶"的记载。在故宫博物院茶叶文物序列中, 与书中这件蕊茶相似的文物共有五件, 名称都是"蕊茶"。我们对盒内茶叶进行比对, 可以确定这种蕊茶为普洱茶。在文献档案中, 清代进贡的八类普洱茶中就有"普洱蕊茶"这一类。因此, 可以确定这就是普洱蕊茶。通过普洱蕊茶的例子可以看出, 茶叶文物保存下来的本体面貌对于鉴别很有帮助, 特别是根据叶片、加工方式等判定茶叶品类、基本的年代信息等。

关于普洱茶膏, 当前社会上有很多文章提到清宫普洱茶膏是由宫廷熬制的, 有的说是雍正帝命御茶房熬制, 也有的说是乾隆帝让御茶房熬制。各方为宣传需要, 各执一词, 众说纷纭。从现存的普洱茶膏文物中出发, 我们可以明确, 普洱贡茶茶膏是由云南普洱地方进贡的, 而非宫廷御茶房熬制的。其理由有以下几点: 一是在清宫档案中, 我们可以看到详细的进贡贡单, 普洱茶膏在贡单中有明确的记载。如乾隆四十年 (1775) 八月初四日, 署云贵总督觉罗图思德进"茶膏一百匣, 交茶房"[72]。乾隆四十六年 (1781) 七月二十九日, 福康安进"普洱茶膏一百盒"[73]等。贡单众多, 在此不一一列举。从贡单中, 可以明确普洱茶膏都是从云南普洱地方进贡到宫廷的。二是从现存普洱茶膏文物上看, 茶膏内部以竹片分割, 这种竹片是云南地方保存普洱茶膏时专用的做法, 不仅有利保存, 且在长途运输中也可保持普洱茶膏

的完整性。如果是御茶房熬制茶膏的话, 没有运输中保存的问题, 根本不用如此复杂的包装。三是从御茶房的功能上看, 御茶房作为皇家茶房, 其功用是为宫廷提供饮茶服务, 并没有熬制茶膏的工作。结合文物和相关文献, 我们可以厘清很多类似的问题, 对于社会大众了解贡茶和宫廷茶文化大有裨益。

其次, 文物中有多数档案中从未出现过或出现次数极少的茶叶名称, 通过这些茶叶文物可以更好地了解许多不知名的茶叶品类和这些茶叶在宫廷生活中的作用。在此以三味茶、陈蒙茶、宝国乌龙茶为例来看:

三味茶。三味茶在故宫博物院所藏茶叶文物中很少见。在中国古代茶书典籍中, 茶之"三味"多次被提及, 且"三味"的概念并不尽相同。故宫博物院所藏的这件三味茶是乾隆六十年进入宫廷的, 在长方形锡制茶叶罐的一边, 有明黄色"三味茶"和"六十年三月十六日, 传□□进三味茶一瓶"的标签。"六十年三月十六日"说明此茶叶是乾隆时期留存下来的, 这在故宫博物院所藏的茶叶文物中是年代比较早的, "传□□进三味茶一瓶"则说明当时宫廷有存贮的三味茶。但我们查阅档案, 并未发现三味茶进贡的记载, 在《故宫物品点查报告》中也没有记载。查阅文物的参考号, 我们可以确定其当时存放在茶库内, 是茶库众多名为"茶叶"中的一件。在茶叶罐的另一侧, 有黄签, 上有"三味茶, 酸涩甜。此品产洞天深处, 得先春气候, 雨前采制, 修合。能解烦渴, 安心神, 生津, 消食, 去暑气, 延年益寿, 故曰太和甘露"。从

黄签上的文字我们可以看到，此处的三味是指"酸、涩、甜"。对于茶叶采摘、制作的时间及其功效都有详细的说明。相比起大多数茶叶中的"甘""清""香"等味，"酸、涩、甜"确实不多见。在《武夷山志》中有"有名三味茶，别是一种，能解醒消胀。岩山、外山，各皆有之，然亦不多也"[74]。故宫博物院藏的三味茶是否与《武夷山志》记载的一致，尚待考证。三味茶代表了清宫的一些小众茶品，这些茶品数量少但具有自身的特色，进贡时间往往不长，属于阶段性进贡茶品，与三味茶类似的还有日铸茶、紫竹灵山茶等。

陈蒙茶。档案记载中有关于"蒙茶"的记载。清代，山东地方官进贡的茶叶中有"蒙茶"，而四川地方官员进贡的茶叶中的"蒙山茶""蒙茶"。在故宫博物院现存的实物名称为"陈蒙茶"，在茶叶罐正面贴有"光绪三十四年六月初七日 陈蒙茶 御茶房进"的标识，在标签下面还有一层纸签，是否里面的纸签为"蒙茶"尚不得而知，但"御茶房进"可以反映出这罐茶叶并非光绪三十四年进贡的，而是应该时间更早。从茶叶上看，此陈蒙茶与蒙山茶相似度极高，因此陈蒙茶或为陈放的产自四川的"蒙茶"或"蒙山茶"。虽然清代宫廷崇尚的是"贵新贱陈"的用茶原则[75]，大量陈茶都会通过不同渠道处理掉。但陈蒙茶的出现说明当时宫廷也会存放一些陈茶，特别是清末进贡体系大受影响的情况下，很多陈茶成为保证日常供应的重要补充。

宝国乌龙茶。晚清及小朝廷时期，宫廷通过各种途径采购了一些商号的茶叶进宫使用。这些茶叶与传统的官员进贡的贡茶有所区别。宝国乌龙茶是否是晚清时期宫廷从宫外购买或地方官购买后进到宫廷的，现在无法确认，但上面的茶店广告可以说明这盒乌龙茶是出自广东，"绿华轩，本号自到武夷选办名岩奇种、水仙、乌龙、小焙、大焙、君眉、白毫各款名茶发售，贵客赐顾，请认招牌为记，铺在粤东省城太平门外十三行，北向开张"，说明这家茶商从武夷山地区采购茶叶进行售卖。从广告语上我们可以得知，里面的茶叶为产自武夷山区的岩茶。此茶叶盒为木质，外贴有花鸟纹的贴纸装饰。茶叶盒正面有"宝国乌龙"字样，应该是这批茶叶的名字。在清代档案中并未看到乌龙茶的记载，"乌龙"这种称谓在晚清民间流行，但并未传入宫廷。这些带有广告标语的茶叶的出现说明在小朝廷时期很多商号的茶叶已经进入到紫禁城的生活中，与此相类似的还有普洱茶饼等。

六、结语

通过以上论述，可以得出以下几点认识：

首先，清代贡茶基本涵盖了清代主产茶区的茶叶品种，具有区域广、品类全、数量大的特点，这种特点贯穿清王朝的始终。清代贡茶的省份达到十三个，将清代几乎所有的产茶省份纳入其中，特别是偏

74. 道光二十六年《武夷山志》，卷十九，"物产·艺属"。
75. 每年数量巨大的贡茶是清宫难以消化掉的，除了赏赐等常规手段外，处理过剩贡茶的主要手段是变卖和销毁等。清代宫廷变卖过剩物品主要是通过内务府官员或崇文门监督进行。如档案记载，内务府每年变卖多余的"查广储司六库库贮物件内有不堪旧贮之项，每届数年照例售变，历经办理在案。现查缎、茶二库历年积存不堪应用之丝绸并积存之高丽布、六安茶、香料、高丽纸张等项。臣等公同商议分，其日久集聚，似应酌量售卖，免致霉蛀。"见中国第一历史档案馆藏：《奏销档596-083：奏为不便久贮之缎匹等项照例售卖等事折，道光十七年十二月二十八日》。

远的云南、贵州和前代并不进贡的山东、陕西等，在清代都成为重要的贡茶省份。从档案记载来看，清代共有一百多种茶叶进入贡茶体系，知名的茶叶品类基本都被纳入贡茶体系中，甚至诸如三昧茶、紫竹灵山茶等较为小众的茶叶也进入宫廷。我们比对清代不同时期的贡单可以发现，贡茶品类相对稳定，所以近三百年持续的进贡，其数量非常大。从茶产区域、贡茶品类和数量上看，清代无疑是中国贡茶史上的顶峰。

其次，清代的贡茶制度更加完备。清代贡茶涉及的部门和人员不仅包括各产茶区的地方政府官员、士绅、茶农，还包括到中央的礼部、户部、奏事处、茶库、茶房等机构。清政府在贡茶的征缴、解运、接收过程中，各个部门的分工明确，职责清晰，并将这些职责变成《大清会典》中的规制。同时，在制度的框架下，清代又根据不同茶叶所处的地理位置、茶叶品种等，对贡茶的采摘、加工、包装、运输等方面又有具体的安排，有一定的灵活性，保证了清代贡茶的正常供应。

再次，留存的文物成为认识和了解贡茶文化最重要的实物依据。故宫博物院成立后，对紫禁城内留存的各类贡茶进行整理、统计、造册。从《故宫物品点查报告》中记载的茶叶上看，当时清宫遗存的茶叶数量很多，茶叶也基本上是贡单上出现的茶品，这说明直到清末乃至小朝廷时期，仍然有大量的贡茶遗存，而且还有一些茶叶通过不同渠道继续进入紫禁城。

现在故宫博物院所藏的四百余件茶叶文物，基本保留了清代贡茶的种类，成为我们了解清代贡茶文化最重要的实物依据。

第一章 安徽

概述

安徽省产茶之地分布较广。据清光绪《重修安徽通志》载，安庆府、徽州府、宁国府、池州府、和州、六安州等州府均产茶。而按清代学者洪亮吉撰《乾隆府厅州县图志》载，安徽全省八府五州，贡茶之府州，有"安庆府、徽州府、宁国府、池州府、凤阳府、广德州、和州、六安州等，凡八州府"。非贡茶州府为太平府、庐州府、颖州府、滁州、泗州等，共三府二州。

徽茶名目繁多，所载有开火茶、苦茶、雀舌、莲心、金芽、北源茶、紫霞茶、翠云茶、雅山茶、片茶、仙芝、嫩蕊、金地茶、茗地源茶、仙人掌茶，以及梅花片、兰花头、松萝茶等。

安徽茶叶以六安州所产最为著名。六安茶进贡始于明代。据清光绪《六安州志》载："明朝始入贡。自弘治七年（1494）分设霍山县，州县俱贡。县户采办者，例仍汇州总进。"到清代，清光绪《六安州志》载："天下产茶州县数十，惟六安茶为宫廷常进之品。欲其新采速进，故他土贡尽由督抚，而六安知州则自拜表，径贡新茶达礼部，为上贡也。"

1. 银针茶

茶叶罐　长 19.5 厘米　宽 8 厘米

高 23.5 厘米

清　故宫博物院藏

银针茶产自原安徽六安州及其所属霍山县（今安徽省六安市及所辖霍山县）。在乾隆四十一年（1776）纂修的《霍山县志》中记载："本山货属，以茶为冠。其品之最上者，曰银针。"银针取枝顶一枪。银针茶与同产自霍山的雀舌茶、梅片茶等都作为贡品入贡。

此银针茶罐为方形锡质茶叶罐，外为黄色锦缎套。内茶叶满罐，茶叶上面的白色绒毛仍依稀可见。在茶叶罐外包装上有故宫文物点查委员会点查文物时书写的"茶字 30 号，皮重四斤，茶重半斤"等的墨书。

茶样审评

从外形看，此茶为烘焙产品。叶片较直带褶皱，色泽黄褐，稍带茶芽，其嫩度与文献《霍山县志》记载的"如银针、雀舌,则茶始萌芽者"相去甚远。

文献参考

清光绪三十一年（1905）《霍山县志》卷二"地理志·物产"载："前志所载诸名目花色，如银针、雀舌,则茶始萌芽者。"同卷引乾隆四十一年（1776）旧《霍山县志》称："六安茶,六与霍所产也。以六安名者，当霍未建县，已有贡额。从其朔也。"

又清光绪二十一年（1895）《六安州志》卷十一"食货志四·茶贡"载："明时六安贡茶，制定于未分霍山县之前，原额茶二百袋。弘治七年（1494）分立霍山县，产茶之山属霍山者十之八，于是六安办茶二十五袋，霍山办茶一百七十五袋。国朝因之。"

2. 梅片贡茶

茶叶罐　长 20 厘米　宽 9.5 厘米

清　故宫博物院藏

梅片贡茶产自原安徽六安州及所属霍山县（今安徽省六安市及所辖霍山县）。在乾隆四十一年（1776）纂修的《霍山县志》中记载："本山货属，以茶为冠。其品之最上者，曰银针，次曰雀舌，又次曰梅花片。"银针取枝顶一枪，雀舌取枝顶二叶微展者，梅花片则是选择最嫩的茶叶。这几类茶叶一直是重要的贡茶品类，如乾隆二十九年（1764），安徽巡抚讬庸进银针、雀舌、梅片茶各四十瓶。

此茶叶盒为方形锡盒，盒有变形，边有开裂。盒正面有云龙纹，中间为红色的"梅片贡茶"标识。内茶叶满盒，茶叶细小均匀。

茶样审评

从外形看，此茶为烘焙产品。茶条弯曲，叶片带毫内卷，色泽黄褐，系一芽一叶、一芽二叶嫩度原料加工。

文献参考

清光绪三十一年（1905）《霍山县志》卷二"地理志·物产"载："梅花片、兰花头、松萝春，则茶初放叶者。"

清代刘源长著《茶史》卷一"茶之近品"载："六安以梅花片为第一，诸茶之冠也。"

六安以梅花片為第一諸茶之冠也

真若休寧之森蘿色清味旨亦一時奇產藏江之
六安英山霍山茶品亦精然炒不得法則芳香不

3. 珠兰茶

茶叶罐　长 42 厘米　宽 37.5 厘米

高 30 厘米

清　故宫博物院藏

此珠兰茶疑产自原安徽六安州及所属霍山县（今安徽省六安市及所辖霍山县）。清代珠兰茶与银针茶、梅片贡茶等同为安徽重要的贡茶品类。如乾隆二十六年（1761）八月八日，安徽巡抚讬庸进珠兰茶八桶。乾隆三十年（1765）六月二十八日，安徽巡抚讬庸进珠兰茶四桶。与其他类茶叶多以茶叶罐包装不同，珠兰茶的包装是以"桶"为单位的，这种桶的规格要比常见的茶叶匣大得多。

故宫博物院现藏的珠兰茶外层也是用木桶包装的。木桶分为桶盖和桶身两部分，外饰红漆，上有龙凤纹、云纹、缠枝莲纹、花朵等装饰图案。木桶内为圆形锡茶叶罐，内茶叶满罐，茶芽细嫩均匀。

茶样审评

此茶中未见珠兰花，茶坯为安徽传统炒青类茶特征，茶样系拼配而成。

其中一部分条索紧结弯曲、色泽灰白，含茎梗；另有部分为挺直茶芽，棕褐带毫。明代之前已经有窨花工艺，但彼时社会较排斥花茶，至清代晚期花茶才开始兴盛。

文献参考

清光绪三十一年（1905）《霍山县志》卷二"地理志·物产"载："茶商就地收买，倩女工捡提，分配花色，装以大篓，运至苏州。苏商熏以珠兰、茉莉，转由内洋至营口，分售东三省一带。近亦有与徽产出外洋者。"由此可知，珠兰茶亦有采自徽州产地者。而窨茶原料则主要有珠兰和茉莉二种花色。

而按照清代吴振棫著《养吉斋丛录》载，道光年间，安徽巡抚每岁进贡，有珠兰茶一箱，松萝茶一箱，银针茶一箱，雀舌茶一箱，梅片茶一箱。

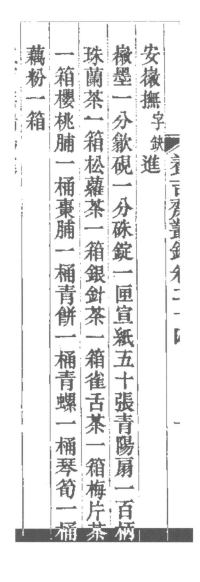

第二章　福建

概述

福建贡茶，向为官家所重，而建宁茶甚至名甲天下。如清代刘源长所辑《茶史》记载："历代贡茶，皆以建宁为上……福茶固甲于天下也。"

建茶见重于世，始于宋代。如明代许次纾所著《茶疏》记载："唐人首称阳羡，宋人最重建州，于今贡茶，两地独多。"

建州贡茶，大致始于宋太宗太平兴国年间。宋代熊蕃的《宣和北苑贡茶录》记载："圣朝开宝末，下南唐。太平兴国初，特置龙凤模，遣使即北苑造团茶，以别庶饮。龙凤茶盖始于此。"

《宋史·食货志》载："建宁腊茶，北苑为第一……太平兴国始置。大观以后制愈精，数愈多，胯式屡变，而品不一。岁贡片茶二十一万六千斤。"

明代亦认为宋代贡茶以北苑为天下第一。如天顺五年（1461）《明一统志》卷七十六"建宁府·古迹"载："北苑焙：在府城东。建安出茶，北苑为天下第一。"

清人亦沿袭其说。乾隆二年（1737）《福建通志》卷六十三"古迹二·建宁府"载："北苑茶焙：在凤凰山麓，伪闽龙启中，里人张廷晖居之，以其地宜茶，悉表而输于官，由是始有北苑之名。北苑茶为天下第一。"

明代亦谓建宁所贡最为上品。《明史》"食货志四·茶法"载："其上供茶，天下贡额四千有奇，福建建宁所贡最为上品，有探春、先春、次春、紫笋及荐新等号。"

可知建州茶成名甚早，且进贡时期自宋迄清，持续甚久。

据乾隆《福建通志》卷十"物产"载，福州府、泉州府、延平府、建宁府、邵武府、永春州等五府一州均有产茶，且基本上州府所属各县皆有出产，可谓十分普遍。

而据清代洪亮吉撰《乾隆府厅州县图志》载，福建全省十府二州，贡茶之府州，有福州府、泉州府、漳州府、延平府、建宁府、汀州府、福宁府等，凡七府。非贡茶之府州，有兴化府、邵武府、台湾府、永春州、龙岩州等，凡三府二州。

又据乾隆《福建通志》卷十"物产·泉州府"载："香茶：一名孩儿茶。其法用脑麝诸香和而成之，味芬性凉。"此香茶与后世花茶当有相似之处，唯花茶用茉莉或珠兰花窨制，此则以玛瑙麝香和成，香材及制法有所不同。

4. 武夷茶

茶叶匣　长50.5厘米　宽11.5厘米

高20厘米

清　故宫博物院藏

武夷茶产自福建武夷山（今福建省武夷山地区）。清代有多种武夷茶入贡，包括武夷茶、小种花香、岩顶花香茶、莲心花茶等。此武夷茶外为木匣，里面为防潮的油纸，茶叶满匣。从这件茶叶的包装上看，它应该是晚清或小朝廷时期进入宫廷的，木匣的材质一般，包装较为粗糙，包装上无任何贡茶的标志，综合看应该是当时从市场上买入的茶叶。

茶样审评

此茶无标签记录，条索紧实扭曲，棕褐，带嫩茎。从外形看，其制作工艺介于现代闽北岩茶与红茶之间。

文献参考

武夷茶出建宁府崇安县，亦属建州茶系列。如《明一统志》卷七十六"建宁府·土产"载："茶：龙凤、武夷二山出。宋蔡襄有《茶谱》。"

清人所载大致相同，如《福建通志》记载："茶：七县皆出，而龙凤、武夷二山所出者尤号绝品。宋蔡襄有《茶录》。"

明嘉靖二十年（1541）《建宁府志》记载："茶：建阳、崇安、浦城产。"

清乾隆十六年（1751）《武夷山志》记载："茶之产不一，崇、建、延、泉，随地皆产，惟武夷为最，他产性寒，此独性温也。"

清代蓝陈略《武夷纪要》中记载："茶：诸山皆有，溪北为上，溪南次之，洲园为下。而溪北惟接笋峰、鼓子岩、金井坑者为尤佳。"

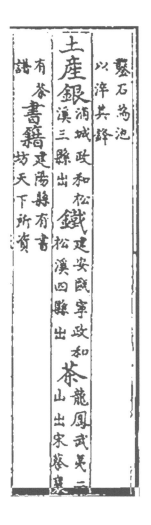

5. 岩顶花香茶

外盒　长30厘米　宽18厘米　高11厘米

茶叶罐　长6.8厘米　宽4.7厘米

高9.5厘米

清　故宫博物院藏

岩顶花香茶产自福建武夷山区（今福建省武夷山地区）。武夷山山顶因土质稀少，故称"岩"，岩顶花香即产自武夷山上的茶叶。清代产自武夷山区的茶叶大量进贡，在档案中可见的有武夷茶、岩顶花香茶、小种花香茶、天柱花香茶、工夫花香茶、莲心茶、莲心尖茶等数种。

此茶叶十罐为一组，每罐均有明黄色封签封口，外为黄色纸匣。外匣正面及茶叶罐顶均有黄色标签，上有"岩顶花香"标识。罐内茶叶外形条粗大，略有弯曲，体质轻松，颜色青褐色而有油光，质量上乘。

茶样审评

茶叶外形紧实扭曲，色泽乌褐，稍含茎，较匀。叶型相对较小。从名称上看，茶叶既出自山岩之顶，品质具有上乘含义。相较另一贡品"小种花香茶"，其叶型较松，但净度更好。

文献参考

乾隆十六年（1751）《武夷山志》载："第岩茶反不甚细，有小种花香、清香、工夫、松萝诸名。"

6. 小种花香茶

通高 19 厘米　直径 17 厘米

外附黄色纸盒　长 23 厘米　宽 23 厘米

高 20 厘米

清　故宫博物院藏

　　小种花香茶产自福建武夷山区（今福建省武夷山地区），为武夷岩茶中的上品，因茶有花香味而得名。此茶外形条粗大，略有弯曲，体质轻松，颜色青褐色而有油光，质量上乘。茶以锡罐盛放，六罐为一组，每罐均有黄签封口，外附黄绫包装盒，盒上有"小种花香"字样。

茶样审评

　　此茶属发酵茶，制作工艺介于当代红茶和乌龙茶之间，外形特征偏乌龙茶，茶条紧结弯曲，带折叠片，无茶芽锋苗。色泽乌褐透枯（应为陈化后的色泽表现），夹杂棕红，发酵程度相对较低。嫩度普通，匀整度一般，含茎。

7. 花香茶

<u>茶叶罐 长 19.5 厘米 宽 19.5 厘米</u>

<u>高 28 厘米</u>

<u>清 故宫博物院藏</u>

　　花香茶产自福建武夷山区（今福建省武夷山地区），是清代武夷岩茶中重要的茶品之一，也是清代武夷贡茶的重要品类。如乾隆三十年（1765）二月九日，福建巡抚定长进花香茶二十七瓶。

　　该茶叶罐为锡罐，四花瓣形，顶口有黄色封签，上有"花香茶"字样。内茶叶满罐，茶叶卷曲均匀，茶芽细嫩。

茶样审评

　　外形壮实扭曲，色泽红、棕、褐相间，带茎梗、单片。跟现代产品比较，该茶未做捡剔处理。该茶应该为部分发酵处理，而非全发酵处理的红茶。从外形特征看，该茶工艺更接近现代武夷山地区的乌龙茶工艺。

8. 工夫花香茶

外盒　长 30.5 厘米　宽 18 厘米

高 11 厘米

清　故宫博物院藏

　　工夫花香茶产自福建武夷山区，是武夷岩茶的一种。关于武夷岩茶的花香类茶叶中有花香茶、小种花香茶、工夫花香茶、岩顶花香茶等数种。此工夫花香茶每十罐为一盒，长方纸盒上有"工夫花香"的标识。茶叶罐为方形锡制茶叶罐，顶口有黄色签封口，上有"工夫花香"的标识。罐内茶叶满，茶叶大小均匀。

9. 莲心尖茶

茶叶盒　长 30 厘米　宽 16 厘米

高 12 厘米

清　故宫博物院藏

　　在中国茶叶名称中，以"莲心"命名的茶叶品类很多，主要是指其形状像"莲子心"。此莲心尖茶是产自福建武夷山之外山（今福建省武夷山周围地区）的茶叶。在档案中也多有地方官员进贡莲心尖茶的记载，如同治元年（1862）正月初七日，福州将军兼管闽海关税务文清进莲心尖茶四盒。

　　此莲心尖茶外包装锡制长方盒，盒盖为抽拉式，上贴有明黄色"莲心尖茶"的标签。由于盒盖无法完全打开，从缝隙中可以看出，茶叶满盒，茶芽均匀细嫩。

茶样审评

　　茶叶外形细嫩，弯曲显毫，色泽棕褐，整齐。此茶经烘焙，其嫩度和匀度较"武夷茶、岩顶花香茶、花香茶、小种花香茶"等武夷茶更好，表明其制作工艺与武夷山所产花香类茶叶有较大不同。

文献参考

　　乾隆十六年（1751）《武夷山志》载："至于莲子心、白毫、紫毫、雀舌，皆外山洲茶，初出嫩芽为之，虽以细为佳，而味实浅薄。"

第二章 福建

10. 莲心茶

<u>茶叶罐　高 19 厘米　直径 9.5 厘米</u>

<u>清　故宫博物院藏</u>

　　此莲心茶产地待考，一说产自福建武夷山之外山（今福建省武夷山周围地区）。

　　茶叶罐为圆形锡制茶叶罐，口有黄色封签。内茶叶满罐，茶叶非常细嫩，叶上白色绒毛仍然依稀可见。

茶样审评

　　此茶属经揉捻的烘青类绿茶，一芽一叶为主，嫩度良好。茶条弯曲尚紧，色棕，露芽，显白毫，较匀整，带片茶。从地区生产和制作工艺历史看，清代同治时期武夷山地区茶叶已经基本为红茶、乌龙茶，而该茶样类似政和、建阳等地绿茶工艺，应为武夷外山地区所产。

11. 三味茶

茶叶罐　长 18.5 厘米　宽 13 厘米

高 20 厘米

清乾隆　故宫博物院藏

关于三味茶的产地，仍待考证。一说产自原福建武夷山（今福建省武夷山地区）。在中国古代茶书典籍中，茶之"三味"多次被提及，且三味的概念并不尽相同。

故宫博物院所藏的这件三味茶是乾隆六十年（1795）进入宫廷的，在长方形锡制茶叶罐的一边，有明黄色"三味茶"和"六十年三月十六日，传□□进三味茶一瓶"的标签。在茶叶罐的另一侧，有黄签，上有"三味茶，酸涩甜。此品产洞天深处，得先春气候，雨前采制，修合。能解烦渴，安心神，生津，消食，去暑气，延年益寿，故曰太和甘露"。从黄签上的文字我们可以看到，此处的三味是指"酸、涩、甜"。黄签对于茶叶采摘、制作的时间及其功效都有详细的说明。在《武夷山志》中有"有名三味茶，别是一种，能解醒消胀。岩山、外山，各皆有之，然亦不多也"。故宫博物院藏的三味茶是否与《武夷山志》记载的三味茶一致，尚待考证。

茶叶罐变形严重，茶叶满盒。

茶样审评

茶条紧实略弯曲，色泽乌褐，带嫩茎，尚匀。从形态上看，此茶工艺与武夷山其他花香类茶相仿。

舌昔外山湖茶初出鑛芽焙之醒以相爲佳而味薄若夫宋树尤爲希有又有名三味茶别是一種能解醒消胀巖山外山各皆有之然亦不多也

三味茶

進三味茶一瓶

六十年三月十三日傳

三味茶酸澀甜此品
產洞天深處得先
春氣候雨前採製
融合能解煩渴安
心神生津消食去
君氣延年益壽故目
大和甘露

12. 乌龙茶

茶叶盒　长27厘米　宽20厘米

高21厘米

清乾隆　故宫博物院藏

　　晚清及小朝廷时期，宫廷通过各种途径采购了一些商号的茶叶进宫使用。这些茶叶与传统的官员进贡的贡茶有所区别。这件茶叶文物是晚清时期宫廷从宫外购买或地方官购买后进到宫廷的，现在无法确认，但上面的茶店广告可以说明这盒乌龙茶是出自广东："绿华轩，本号自到武彝选办名岩奇种、水仙、乌龙、小焙、大焙、君眉、白毫各款名茶发售。贵客赐顾，请认招牌为记，铺在粤东省城太平门外十三行，北向开张。"这

家茶商从武夷山地区采购茶叶进行售卖。从广告语上我们可以得知，里面的茶叶为产自武夷山区的岩茶。此茶叶盒为木质，外贴有花鸟纹的贴纸装饰。茶叶盒正面有"宝国乌龙"字样，应该是这批茶叶的名字。

茶样审评

　　茶条紧实略弯曲，色泽乌褐，带嫩茎，尚匀。从形态上看，此茶工艺与武夷山其他花香类茶相仿。

文献参考（茶叶盒上文字）

绿华轩

本号自到武彝选办名岩奇种、水仙、乌龙、小焙、大焙、君眉、白毫各款名茶发售。贵客赐顾，请认招牌为记，铺在粤东省城太平门外十三行，北向开张。

宝国乌龙

第三章 贵州

概述

按民国时期任可澄撰《贵州通志》记载，贵州各属均产茶，区域分布极广。其中以贵阳府贵定县云雾山产最为有名。

又据清代洪亮吉撰《乾隆府厅州县图志》载，全省十三府一厅，贡茶之府州有贵阳府、都匀府、思南府、石阡府、大定府、遵义府等，凡六府。非贡茶之府，有安顺府、平越府、镇远府、思州府、铜仁府、黎平府、南笼府、仁怀厅等，凡七府一厅。

贵州贡茶产区以贵阳府为主。据清咸丰二年（1852）《贵阳府志》载："《乾隆府州厅志》云：贵阳土贡，兰、马、刺竹、葛布、茶、朱砂、水银、龙爪树、脆蛇。"则其进贡或不晚于乾隆年间。

贵州茶种类繁多，据记载，大致有石阡茶、湄潭眉尖茶、东山茶、坡柳茶、珠兰茶、安顺茶、高树茶、晏茶、丛茶、毛尖、苦茶、老鹰茶、苦丁茶、女儿茶、甜茶等品类名目。

贵州茶叶品质上佳。《贵州通志》记载："诸处产茶，色味颇佳。"其中，"贵定云雾山产最有名。惜产量太少，得之极不易。石阡茶、湄潭眉尖茶皆为贡品。其次如铜仁之东山、贞丰之坡柳、仁怀之珠兰茶，均属佳品"。又有："而安顺茶香味尤盛，滇商往往来购去，改充普洱饼茶。"

13. 贵定芽茶

茶叶罐　长 14.5 厘米　宽 8 厘米

高 16 厘米

清　故宫博物院藏

贵定芽茶产自原贵州贵阳府贵定县（今贵州省黔南布依族苗族自治州贵定县）。乾隆六年（1741）《贵州通志》记载，贵阳府物产中，"茶：产龙里东苗坡，及贵定翁栗冲、五柯树、摆耳诸处"。在清代文献档案中，贵州的贵定芽茶和龙里芽茶也是当地主要的贡茶品类。如乾隆三十五年（1770）八月三日，贵州巡抚宫兆麟进贵定芽茶五十瓶，龙里芽茶五十瓶。

此贵定芽茶放置于方形锡茶叶罐内，由于各种原因茶叶罐有较为严重的变形。茶叶罐正面有残缺的黄条，上面依稀可见"重，十五两"等字样，应该是茶叶重量。内茶叶满罐，茶叶均匀细嫩。

茶样审评

此茶属炒青类绿茶，条索细紧卷曲，显芽，色泽棕褐，带花蒂、嫩茎。

贵定茶叶生产延续至今，相较当前产品，此茶造型的精细度、茸毫的表现等方面存在不足。

文献参考

乾隆《贵州通志》卷十五"食货志"载："茶：产龙里东苗坡，及贵定翁栗冲、五柯树、摆耳诸处。土人制之无法，味不佳。近亦知采芽以造，稍可供啜。"

而民国《贵州通志》载："黔之龙里东苗坡，及贵定翁栗冲、五柯树、摆耳诸处产茶，而出婺川者名高树茶，蛮夷司鹦鹉溪出者名晏茶，色味颇佳。"

同书又载："黔省各属均产茶，贵定云雾山产最有名。惜产量太少，得之极不易。"与乾隆《通志》评价迥然不同，可见该省茶叶历经百余年发展进步，其品质水准已不可同日而语。

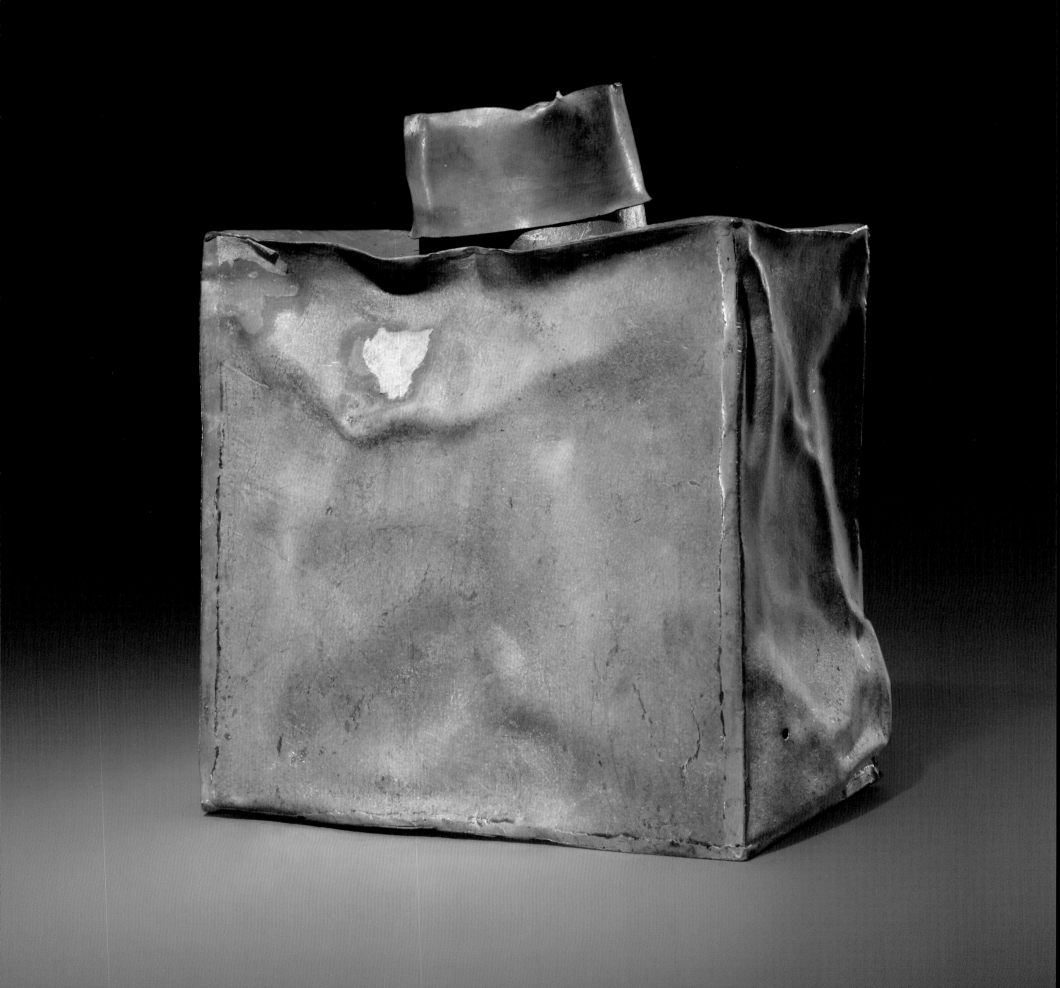

第四章 湖北

概述

　　湖北茶叶产地分布较为广泛，据清代洪亮吉所撰《乾隆府厅州县图志》载，湖北全省十府，贡茶地区主要有武昌府、宜昌府、施南府等，凡三府。非贡茶之府州，有汉阳府、黄州府、安陆府、德安府、荆州府、襄阳府、郧阳府等，凡七府。

　　而据乾隆《湖广通志》记载，湖北产茶区域至少有通山县、蒲圻县、崇阳县、兴国州、蕲水县、蕲州、当阳县、巴东县等八州县，其中以武昌府通山县最为著名。其名目则有坡山凤髓、桃花绝品、仙人掌茶等。

14. 通山茶

茶叶罐　长21厘米　宽6.5厘米

高27厘米

清　故宫博物院藏

通山茶原湖北武昌府通山县（今湖北省咸宁市通山县），为湖北传统贡茶。清乾隆《湖广通志》记载："武昌府，茶，出通山县者上。"清代，通山茶是湖北最重要的贡茶品类之一。如乾隆五十一年（1786），湖广总督特成额进通山茶五箱，计五十瓶。

此通山茶为方形锡罐，盖及领肩有明黄色剪纸封签。盒内茶叶满罐，茶叶微卷，茶芽欠匀。

茶样审评

茶条弯曲尚紧，色泽棕褐，带嫩茎老片，匀度稍欠。

文献参考

通山茶出自武昌府通山县，乾隆《湖广通志》记载："武昌府：茶，出通山县者上，崇阳、蒲圻次之。"

《通山县志》曰："茶：有红黑二品，随人自为。"

《养吉斋丛录》载，道光年间，两湖总督端阳进贡，有通山茶一箱。

第五章

湖南

概述

湖南产茶，历史较早，五代时即有贡茶记载，且额量不在少数。如清嘉庆《湖南通志》引《旧五代史》曰："湖南岁贡茶二十五万斤"。宋代以后，课额更多，按《宋史·食货志》："总为岁课荆湖二百四十七万余斤"，只是后来"茶法屡变，岁课日削，至和中，岁市茶荆湖二百六万余斤"。

湘茶产地，分布较广，《宋史·地理志》称："荆湖南北路，大率有材木茗荈之饶。"而《宋史·食货志》则称："茶出潭、岳、辰、澧州。"又《明史·食货志》载："产茶之地……湖广武昌、荆州、长沙、宝庆。"《本草纲目》："楚之茶，则有……湖南之白露、长沙之铁色、岳州之巴陵、辰州之溆浦、湖南之宝庆、茶陵。"

及至清代，产茶区域尤广，贡茶之州府亦较前为多。据清代洪亮吉所撰《乾隆府厅州县图志》载，湖南全省九府四州，贡茶之府州，有长沙府、永州府、宝庆府、岳州府、辰州府、郴州等，凡五府一州。非贡茶之府州，有衡州府、常德府、沅州府、永顺府、澧州、靖州、桂阳州等，凡四府三州。

15. 花卷茶

通高 27.5 厘米　底径 17 厘米

清　故宫博物院藏

　　花卷茶，产自原湖南长沙府安化县（今湖南省益阳市安化县），为安化黑茶一类，因使用篾篓包装外表呈花格装，又称"花卷茶"。花卷茶创制于清道光年间，起初是为了方便运输而做成的树形紧压茶，后逐渐形成品牌。

　　该花卷茶为清末进入宫廷。前人曾在上面贴有"茶字55号树形普洱共两块每块重十斤"的字样，后经研究发现此茶为安化黑茶而非普洱茶，因此名称改为"花卷茶"。此茶为紧压黑茶，外表形似树干，非常紧实。

茶样审评

　　原标签"普洱"有误。圆柱形，紧实致密，色泽乌褐，茶叶已经锯开分段。

文献参考

　　按《养吉斋丛录》载，道光年间，两湖总督端阳进贡，有通山茶一箱（编者按，通山茶属湖北省）、安化茶一箱、砖茶一箱。

兩湖督端陽進

通城菇二箱百合粉二箱通山茶一箱安化茶一箱郧耳一

箱香蕈一箱筍尖一箱蘄艾一箱磚茶一箱

茶・水ハ景樹ニ...普洱共八兩塊色...童十
55

第六章

江苏

概述

江苏自古就是贡茶大省，据清代洪亮吉所撰《乾隆府厅州县图志》载，全省八府三州一厅，仅有常州府一府贡茶。非贡茶之府州，有江宁府、扬州府、淮安府、徐州府、海州、通州、海门厅、苏州府、松江府、镇江府、太仓州等，凡七府三州一厅。

而据康熙《江南通志》，江苏产茶州府，至少有常州府、苏州府、扬州府、江宁府、松江府等五府，分述如下：

一、常州府贡茶

江苏产茶，品质颇佳，成名亦甚早，其中阳羡茶唐代即已充贡，极见推重，当为苏茶第一。如明代许次纾《茶疏·产茶》称："江南之茶，唐人首称阳羡，宋人最重建州。于今贡茶，两地独多。"

阳羡为宜兴县之古称，又称义兴，清代属常州府。清代刘源长辑《茶史》中记载："义兴紫笋、阳羡茶（即罗岕）：义兴即今宜兴，秦曰阳羡。紫笋出义兴君山悬脚岭北岸下。紫笋生湖、常间，当茶时，两郡太守毕至，为盛集……阳羡，唐时入贡，即名其山为唐贡山，茶极为唐所重。卢歌云：天子未尝阳羡茶，百草不敢先开花。"

阳羡贡茶产地当在南岳山，亦在洞山之中。明代周高起《洞山岕茶系》记载："贡茶，即南岳茶也。天子所尝，不敢置品。县官修贡，期以清明日入山肃祭，乃始开园。

采制视松萝、虎丘，而色香丰美，自是天家清供。"

洞山茶亦名罗岕。罗岕处于江浙两省交界，南为浙江湖州府长兴县，即顾渚紫笋产地所在；北为江苏常州府宜兴县，即阳羡茶产地所在。如清代陆廷灿《续茶经》记载："洞山茶：系罗岕。去宜兴而南，逾八九十里，浙直分界，只一山冈，冈南即长兴。山两峰相阻介，就夷旷者，人呼为岕云。"

罗岕之茶，以湖州府长兴境内所产为佳，常州府荆溪县（清初为宜兴县，雍正年间析置荆溪县，与长兴县接壤，后复并入宜兴县，故荆溪茶亦即宜兴茶）稍下。明代屠隆《考槃余事》载："阳羡：俗名罗岕，浙之长兴者佳，荆溪稍下。"

长兴产茶所以较宜兴为佳，在其地处罗岕之南，阳光充足，且云雾缭绕，气候适宜。如《岕茶笺·序岕名》称："洞山之岕，南面阳光，朝旭夕晖，云瀜雾浮，所以味迥别也。"

二、苏州府贡茶

此外，苏州府亦多产名茶，如清康熙《江南通志》载："茶：出虎邱金粟房，其色白，香如幽兰，采于谷雨前为雨前茶，天池、伏龙俱佳，此为最。又洞庭两山亦出佳茗。"

其中，虎丘山所产尤称精绝，可与湖、常二府之岕茶颉颃。如清代刘源长辑《茶史》称："虎丘：最号精绝，为天下冠。惜不多产。"

明代高元濬《茶乘》记载："若歙之松罗、吴之虎丘、杭之龙井，并可与岕颉颃……虎丘山窄，岁产不能十斤，极为难得。"

苏州洞庭山产茶亦颇佳，宋时曾入贡。如宋代朱长文《吴郡图经续记》载："洞庭山出美茶，旧入为贡。"

此外，苏州府尚有天池茶，亦颇为古人所重。如明代屠隆《考槃余事》称："天池：青翠芳馨，啜之赏心，嗅亦消渴，诚可称仙品。诸山之茶，尤当退舍。"

然而亦有人以为天池茶质量未尽上佳，如明代高元濬《茶乘》载："往时士人皆重天池，然饮之略多，令人胀满。"可见茶虽贵重，品未上佳。

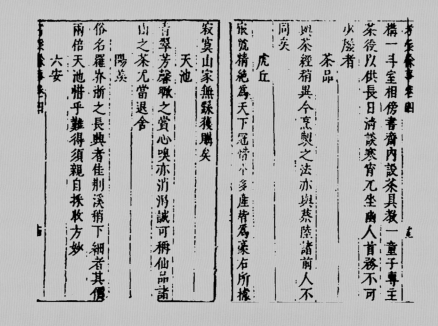

三、扬州府贡茶

除常州府阳羡茶之外，宋代扬州府甘泉县亦有贡茶，如《江南通志》载："春贡亭，在甘泉县蜀冈。宋时，扬州贡茶，皆出蜀冈，因名。"

四、江宁府产茶

江宁府亦产茶。如康熙《江南通志》载："茶：江宁天阙山茶，香色俱绝，城内清凉山茶，上元东乡摄山茶，味皆香甘。"

欽定四庫全書　江南通志　卷八十六　五

茶　江寧天闕山茶香色俱絕城內清涼山茶上元東鄉攝山茶味皆香甘

折紙扇出江寧城中者四方稱最

鰣魚出揚子江心上江二邑同

櫻桃江寧蜜谷寺者佳　銀杏出江寧之天闕山

玄武湖菱入口如冰雪自化皆出上元縣太平門　玄武湖藕甘脆無渣滓

木瓜出上元攝山

姚黍出上元姚坊門長大而甘脆

觀音秫出江寧縣之金牛洞

五、松江府产茶

松江府亦产茶。清康熙《江南通志》载："兰笋山茶：色淡而味清芬，亦绝品也。"

《续茶经》引《松江府志》："佘山在府城北，旧有佘姓者，修道于此，故名。山产茶，与笋并美，有兰花香味。故陈眉公云：余乡佘山茶，与虎邱相伯仲。"

欽定四庫全書　江南通志　卷八十六　十三

寒豆　蕨菜　蘭笋山笋　蘭笋山茶色淡而味清芬亦絕品也　水蜜桃出上海露香園在今李光桃

16. 阳羡茶

茶叶罐　长 20 厘米　宽 20 厘米

高 17 厘米

清　故宫博物院藏

阳羡茶产自原江苏常州府宜兴县或荆溪县（今江苏省宜兴市），是我国传统名茶之一。阳羡茶唐代就已入贡。明代学者许次纾在《茶疏》中称："江南之茶，唐人首称阳羡。"从唐至清，阳羡茶都作为贡茶进贡宫廷。清代阳羡茶大量入贡：如乾隆十七年（1752）四月二十八日，江苏巡抚庄有恭进阳羡茶八十瓶；乾隆二十五年（1760）四月二十六日，江苏巡抚革职留任陈弘谋进阳羡茶一百瓶。

此阳羡茶茶叶罐为锡制方形罐，盖上刻印花纹及茶名。罐内茶叶满，茶芽细嫩均匀。

茶样审评

茶叶经揉捻锅炒而成。外形紧结弯曲，茶芽显露，色泽棕褐，较匀，含茎。

文献参考

明代高元濬《茶乘》称："茶之产于天下多矣。若剑南有蒙顶石花，湖州有顾渚紫笋，峡川有碧涧明月，邛州有火井思安，渠江有薄片，巴东有真香，福州有柏岩，洪州有白露，常之阳羡、婺之举岩、丫山之阳坡、龙安之骑火、黔阳之都濡高株、泸州之纳溪梅岭之数者，其名皆著。"

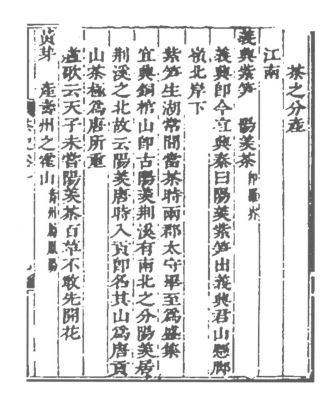

17. 碧螺春

茶叶罐　长 23 厘米　宽 11.5 厘米

高 17.5 厘米

清　故宫博物院藏

碧螺春产自原江苏苏州府（今江苏省苏州市区）洞庭东山碧螺峰，是中国传统名茶之一。也是清代重要的贡茶品类。如乾隆十七（1752）年四月二十八日，江苏巡抚臣庄有恭进碧螺春茶九十瓶。乾隆二十五年（1760）四月二十六日，江苏巡抚革职留任陈弘谋进碧螺春一百瓶。

碧螺春原为野茶，明末清初时开始精制，现在较为公认的关于碧螺春确切记载是清代王应奎所撰的《柳南续笔》记载，碧螺春茶原名"吓杀人香"，康熙"己卯岁，车驾幸太湖。宋公购此茶以进。上以其名不雅，题之曰碧螺春。自是地方大吏岁必采办。"从此碧螺春每年入贡，一直延续到清末。

此碧螺春茶罐为方形锡制茶叶罐，盖上印刻花纹，罐体有变形。罐内茶叶满，茶芽细嫩均匀。

茶样审评

此茶外形纤细卷曲，茸毫显露，色泽棕褐，带花蒂，匀整度为此类茶正常水平。其卷曲做形处理程度较现代茶叶为轻。

文献参考

碧螺春产自江苏省苏州府洞庭东山碧螺峰，初名"吓杀人香"。雍正年间成书之陆廷灿《续茶经》引《随见录》云："洞庭山有茶，微似岕而细，味甚甘香，俗呼为吓杀人。产碧螺峰者尤佳，名碧螺春。"

而乾隆间王应奎记载，康熙己卯岁（1699），帝巡幸太湖，江苏巡抚宋荦购茶进献，康熙改名为"碧螺春"。事载《柳南续笔》："洞庭东山碧螺峰石壁产野茶数株，每岁土人持竹筐采归，以供日用。历数十年如是，未见其异也。康熙某年，按候以采，而其叶较多，筐不胜贮，因置怀间。茶得热气，异香忽发，采茶者争呼'吓杀人香'。'吓杀人'者，吴中方言也。因遂以名是茶云……己卯岁，车驾幸太湖。宋公购此茶以进。上以其名不雅，题之曰碧螺春。"

其实洞庭山产茶，唐代即已著名。如宋·朱长文《吴郡图经续记》载："《茶经》云：长洲县产洞庭山者，与金州、蕲州味同。近年山僧尤善制茗，谓之水月茶，以院为名也。颇为吴人所贵。"

《续茶经》亦引《吴郡图经续记》曰："洞庭小青山坞出茶，唐宋入贡，下有水月寺，因名水月茶。"然则宋代洞庭山之水月茶，与清代之碧螺春是否有渊源关系，可备他时考案。

第七章

江西

概述

　　江西地处华东南地区，土气适宜，产茶之地甚多。《明史·食货志》载："产茶之地，江西：南昌、饶州、南康、九江、吉安。"至少有五府。而据洪亮吉《乾隆府厅州县图志》记载，清代江西省十三府一州，除抚州、临江、南安三府不贡茶外，南昌、饶州、广信、南康、九江、建昌、吉安、瑞州、袁州、赣州等十府及宁都一州均有贡茶。

18. 安远茶

茶叶罐　长 21.5 厘米　宽 7.5 厘米

高 26 厘米

清　故宫博物院藏

安远茶产自原江西赣州府安远县（今江西省赣州市安远县）。据《安远县志》记载，安远主要的产茶区域为古亭山和九龙嶂。安远茶自雍正五年（1727）开始进贡，一直持续到清末。如乾隆四十六年（1781）四月二十九日江西巡抚郝硕进安远茶三箱。乾隆五十九年（1794）四月二十三日，江西巡抚陈淮进安远茶二箱。

此安远茶文物为方形锡质茶叶罐，罐口用红色封签。茶叶罐微有变形，罐内茶叶满。茶叶均匀细嫩。

茶样审评

茶叶经揉捻锅炒制成。茶条紧实弯曲整齐，色泽灰棕，偶现花蒂。该茶使用原料成熟度较高。

文献参考

安远茶产于赣州府安远县，据《乾隆府厅州县图志》载："土贡：金、银、铜、铁、锡、纻布、石蜜、油、漆、茶、糖、斑竹、茉莉、竹梳箱。"

天启《赣州府志》卷三"土产"亦载："赣储茶入贡。"卷七"食货志·土贡"又载："本府岁进芽茶一十一斤（俱赣县出）。"可知明朝天启年间，赣州府所贡之茶皆出自赣县，而非安远县。

安远县贡茶始于清雍正年间，据同治《安远县志》记载："茶，惟九龙嶂所产者为佳。雍正五年取以作贡，计正额六十斤，后以所产不敷，在古亭山采取垫数，气味比龙岩亦不稍逊。"

九龙嶂之茶何以为佳，方志亦有记载。同治《安远县志》记载："山巅云雾蒸腾，观其聚散，以验晴雨。有龙潭九坎，祷雨多应。梵刹清幽。晒禾坪数亩地，雨液露膏，滋润独厚，产茶入贡。"

而乾隆《赣州府志》记载："安远有九龙茶，出九龙山。日上高春，云雾犹浓，旧传天龙僧制最佳。"

又据《养吉斋丛录》记载，道光年间，江西巡抚端阳进贡永新砖茶一箱、安远茶一箱、庐山茶一箱。

第八章

陕西

概述

陕西产茶历史较晚，按《陕西通志》记载："宣和元年，邠州通判张益谦奏：陕西非产茶地。"可知宋代陕西尚不产茶。

清代陕西贡茶，据清代洪亮吉《乾隆府厅州县图志》记载，全省七府二厅五州，贡茶之府州，唯有兴安及汉中二府。非贡茶之府州，有西安府、同州府、凤翔府、延安府、榆林府、潼关厅、留霸厅、商州、乾州、邠州、鄜州、绥德州等，凡五府二厅五州。

19. 吉利茶

茶叶罐　长22厘米　宽6.5厘米

高24.5厘米

清　故宫博物院藏

吉利茶产自原陕西同州府大荔县（今陕西省渭南市大荔县），为陕西重要的贡茶品类。如乾隆三十六年（1771）十一月七日，陕西巡抚勒尔谨进吉利茶九瓶。在《故宫物品点查报告》中有"蒺藜茶"的记载，应即为"吉利茶"。此茶叶罐为方形锡盒茶叶罐，外附黄绢包裹，正面有红色龙纹。

茶样审评

按照文献记载，推断吉利茶为蒺藜所制，取其谐音美好而命名，为非茶之茶。有资料显示，系蒺藜果实晒干微炒所制。

文献参考

吉利茶产于同州府大荔县，实为蒺藜茶。按清代洪亮吉《乾隆府厅州县图志》记载："土贡：绵绢、绢布、漆、皮、革、茧耳羊、五粒松、蒺藜子……"其中蒺藜子可能即是吉利茶，取其谐音，寓意吉祥。

蒺藜子为同州府大荔县沙苑特产，多见于历代史书记载。如《新唐书·地理志》："同州冯翊郡，土贡：靮鞴二物、皱纹吉莫、麝、芑、茨、龙莎、凝水石。"（按，茨即蒺藜之合音。）而《宋史·地理志》载："同州冯翊郡，定国军节度，贡白蒺藜、生熟干地黄。"咸丰《同州府志·土物志》："沙苑蒺藜，在大荔、朝邑二县境，见于《元和志》《寰宇记》《宋史·地志》及《本草》各书。"

又道光《大荔县志》载："凡物为他处所共有者，非一县所得专也，则不志。若大荔之白蒺藜，自唐时入已贡（元和志：同州贡蒺藜子）。其蔓引长如刺蒺藜，而茎叶各异，紫花，结荚，长寸许。荚内实大如芝麻（《本草纲目》云：状如羊肾），而色碧绿。此沙苑蒺藜子之殊于他处蒺藜子也。"

可见蒺藜实为同州第一特产。

而按《养吉斋丛录》载，道光年间，陕甘总督端阳进贡同州吉利茶五瓶，年贡进同州吉利茶三瓶。而陕西巡抚端阳进贡吉利茶九瓶，年贡进吉利茶五瓶。综合陕西督抚端阳及岁贡，每年凡进贡吉利茶四次二十二瓶，其频次之密，数量之多，实为罕见。

陕西无端阳进
百合粉三匣苡仁米三匣白扁豆三匣吉利茶九瓶桂花五
匣玉麥三袋紫麥三袋
陕西抚年贡进
匣
陕甘督抚端阳进
蘭州掛麵五箱同州吉利茶五瓶甘州枸杞五匣贊雞玉麥
五石甘州果丹五匣
陕甘督年貢進
元狐皮五張海龍皮二十張羊獺皮二十張天馬皮一千張烏
雲豹皮一千張富餅五匣邠襄五桶吉利茶五瓶百合粉五
匣
紫藏香一千枝西安掛麵二十捲甯夏羊皮八百張黄毡二十捲同州
百張紫橙毡二十捲甯夏羊皮八
吉利茶三瓶

第九章　四川

概述

四川省位于我国的西南部，是我国重要的产茶区，也是我国古代最重要的贡茶区域之一。春秋时期，四川为蜀国和巴国的领地，故有"巴蜀"之称。晋代学者常璩在《华阳国志·巴志》中记载："其地：东至鱼复，西至僰道，北接汉中，南极黔涪。土植五谷，牲具六畜。桑、蚕、麻、苎、鱼、盐、铜、铁、丹、漆、茶、蜜、灵龟、巨犀、山鸡、白雉、黄润、鲜粉，皆纳贡之。"这也是目前所见贡茶最早的文献记载。四川茶叶在中国古代贡茶史上占据重要的地位，唐代的蜀州、邛州、雅州、绵州等地都是当时著名的贡茶产区。

清代，四川贡茶品类繁多，数量很大。按洪亮吉《乾隆府厅州县图志》记载，四川全省十一府七厅八州，其中成都府、重庆府、保宁府、夔州府、龙安府、雅州府、嘉定府、邛州等七府一州均有贡茶。据《养吉斋丛录》记载，四川贡茶有仙茶、陪茶、菱角湾茶、春茗茶、观音茶、名山茶、青城芽茶、砖茶、锅焙茶等。如乾隆六十年（1795）八月初七日，四川总督孙士毅进贡，其中贡茶有"仙茶二瓶，陪茶二瓶，菱角湾茶二瓶，春茗茶九瓶，观音茶十八瓶，名山茶十八瓶，青城茶一百瓶，砖茶三百块，锅焙茶十八包"。再如《养吉斋丛录》记载："四川督年贡：仙茶二银瓶，陪茶二银瓶，菱角湾茶二银瓶，春茗茶二银瓶，观音茶二银瓶，名山茶二银瓶，青城芽茶十锡瓶，砖茶一百块，锅焙茶九包。"除此之外，诸如仙茶等在清代属于品级较高的茶

品。清代贡茶中以银质容器包装的只有四川的五种茶品，即仙茶、陪茶、菱角湾茶、观音茶和春茗茶。仙茶作为皇家最重大之典礼郊天及祀太庙之供品，每岁仅贡三百三十五叶。

四川作为清代重要的产茶区，产量极高，茶叶贸易发达，其中尤以与藏区的茶马贸易最为著名。川藏茶叶之路上存留下很多古迹，其中尤以打箭炉最为著名。在四川茶叶史上，也留下了很多文人墨客的笔迹，诸如唐朝白居易、刘禹锡、郑谷、施肩吾、段成式，宋代宋真宗、蔡襄、文彦博、吴中复、叶清臣，明代杨慎，清代王闿运等。他们的著作也成为我们认识和了解四川茶文化重要的文献遗存。

20. 仙茶

匣　长 28 厘米　宽 11 厘米　高 27 厘米

茶叶罐　长 9.4 厘米　宽 4 厘米

高 11.5 厘米

清　故宫博物院藏

　　仙茶产于四川雅州府名山县（今四川省雅安市名山区）蒙顶上清峰甘露井侧。据乾隆《雅州府志》记载："仙茶，产蒙顶上清峰甘露井侧，叶厚而圆，色紫，味略苦，春末夏初始发，苔藓庇之，阴云覆焉。相传甘露祖师自岭表携灵茗植五顶，至今上清仅八小株，七株高仅四五寸，一株高仅尺二三寸，每岁摘叶止二三十片，常用栅栏封锁，其山顶土止寸许，故茶自汉到今，不长不减。"光绪时名山县令赵懿有《蒙顶茶说》存世，详细描述了蒙顶山茶的情况。关于仙茶，文中记载："名山之茶美于蒙，蒙顶又美之，上清峰茶园七株又美之。世传甘露慧禅师手所植也。二千年不枯不长。其茶叶细而长，味甘而清，色黄而碧，酌杯中，香云蒙覆其上，凝结不散，以其异，谓曰仙茶。每岁采贡三百三十五叶，天子郊天及祀太庙用之。"可见当时此茶产量不多，多用于皇家祭祀。

　　关于仙茶的包装，《蒙顶茶说》记载："每贡仙茶正片，贮两银瓶，瓶制方，高四寸二分，宽四寸……皆盛以木箱，黄缣，丹印封之。"这与故宫博物院现存的文物相符。从现存的文物来看，仙茶包装匣通体木胎，内外以明黄色绫包裹。匣内有卧槽分置两桶茶叶，外有与茶桶相吻合的凹槽板，匣外设可抽拉盒盖，盖外顶设提手，盖面墨书"仙茶"。银盒内茶叶细长，状况保存完好，形状也与《蒙顶茶说》中记载的仙茶"叶细而长"相符。

茶样审评

　　以单叶制作，未经造型处理。叶张厚长舒展、完整匀称，色泽黄褐，茶毫隐现。

21. 陪茶

茶叶罐　底径 3 厘米　口径 2.7 厘米

高 11 厘米

清　故宫博物院藏

陪茶产于原四川雅州府名山县（今四川省雅安市名山区）蒙顶山上清峰。《蒙顶茶说》记载，仙茶园以外产者，曰陪茶。陪茶为仙茶次一级贡茶茶品。关于陪茶的包装，与菱角湾茶相同，《蒙顶茶说》记载："陪茶两银瓶，瓶制圆，如花瓶式……皆盛以木箱，黄缣，丹印封之。"从现存的文物来看，包装与记载一致。

另外灌县（今四川省都江堰市）青城山亦贡陪茶（见下文）。

茶样审评
蒙山茶之一种。

22. 菱角湾茶

茶叶罐　底径 3 厘米　口径 2.5 厘米

高 11.5 厘米

清　故宫博物院藏

　　菱角湾茶产自原四川雅州府名山县
（今四川省雅安市名山区）蒙顶山，产于
与陪茶园相距十数步之菱角峰下，为仙茶
之次二品级。光绪《名山县志》记载："相
去十数武，菱角峰下曰菱角湾茶，其叶皆
较厚大，而其本亦较高。"

　　关于菱角湾茶的包装，据《蒙顶茶说》
记载："菱角湾茶两银瓶，瓶制圆，如花
瓶式……皆盛以木箱，黄缣，丹印封之。"
从现存的文物来看，包装与记载一致，说
明这些都是原封包装留存下来的。

茶样审评

　　因无实物照片，从文献"菱角峰
下曰菱角湾茶，其叶皆较厚大，而其本
亦较高"上看，菱角湾茶园茶树长势
好于仙茶，或与品种、水土有关，推测
其茶造型应与陪茶相似。

23. 蒙山茶

茶叶罐　长 18.5 厘米　宽 18.5 厘米

高 36 厘米

清　故宫博物院藏

蒙山茶产自原四川雅州府名山县（今四川省雅安市名山区）蒙顶上清峰，即蒙顶茶。《名山县新志》中记载："蒙山，在县西北，至顶十五里。境内镇山也。"蒙山茶与仙茶、菱角湾茶等都是四川重要的贡茶品类。此蒙山茶罐为方形锡制茶叶罐，盖有明黄色封签，正面有黄色条签，罐内茶叶满，茶芽均匀细嫩。

茶样审评

此茶属炒青类绿茶，外形条索粗实弯曲，色泽灰棕，含茎、梗、干片、花蒂。该款茶样净度欠佳，规格乱，反映当时采制、工序精良度不足。

文献参考

《四川通志》卷四十六载："蒙顶茶：名山县蒙山上清峰甘露井侧产茶，叶厚而圆，色紫赤，味略苦，春末夏初始发，苔藓庇之，阴云覆焉。相传甘露大师自岭表携灵茗播五顶。旧志称：顶茶受阳气全，故芬香。"

> 蒙頂茶
> 名山縣蒙山上清峰甘露井側產茶葉厚
> 而圓色紫赤味略苦春末夏初始採苦蘚
> 庇之陰雲覆焉相傳甘露大師自嶺表攜靈茗播
> 五頂舊志稱頂茶受陽氣全故芬香唐李德裕入
> 蜀行郡以蒙山上有露芽穀芽故紮裹時盡化以瓷器盛芽錯茶液
> 稱雅州蒙山之沃於湯餅上移時盡化以瓷器盛芽錯茶液
> 一番新白樂天詩吾聞蒙山之巔多秀山忌草不生生新茗
> 茶皆七謂此

24. 陈蒙茶

茶叶罐　长 18.5 厘米　宽 18.5 厘米
高 26.5 厘米
清　故宫博物院藏

　　在档案记载中，茶叶的名称原为"蒙茶"。而在故宫博物院现存的实物名称为"陈蒙茶"，有两锡罐，罐内茶叶满，茶芽细嫩。在茶叶罐正面贴有"光绪三十四年（1908）六月初七日陈蒙茶 御茶房进"的标识，在标签下面还有一层纸签，里面的纸签是否为"蒙茶"尚不得而知，但"御茶房进"可以反映出这罐茶叶并非光绪三十四年进贡的，而是应该时间更早。从茶叶上看，此陈蒙茶与蒙山茶相似度极高，因此陈蒙茶或为陈放的"蒙茶"或"蒙山茶"。

茶样审评

　　此茶条索紧结弯曲，色泽棕褐，多梗，系精制整理后的产品。

文献参考

　　疑即前述蒙山茶陈放所致，文献详见本章蒙山茶，此不赘述。

25. 青城芽茶

茶叶罐　长 12 厘米　宽 9.5 厘米

高 18 厘米

清　故宫博物院藏

青城芽茶产自原四川成都府灌县（今四川省都江堰市）青城山，是四川传统的名茶品类之一。乾隆五十一年（1786）《灌县志》记载："灌青城诸山，丰产茶荈。"青城芽茶是清代四川重要的贡茶品类，光绪十二年（1886）《增修灌县志》中"附录贡茶"条记载："康熙十三年（1674），布政司札饬县属青城山天师洞三十五庵僧道等，每年采办青城芽茶八百斤，内拣顶好贡茶六十斤，陪茶六十斤，官茶六百八十斤。道光四年（1824），奉文裁减一百斤，每年采办青城芽茶七百斤，内拣顶好贡茶二十斤，陪茶二十斤，官茶六百六十斤。"从数量上看，青城芽茶的进贡量是很大的。除了土贡的茶叶外，四川等地的地方官员在个人进贡中也有青城芽茶，如乾隆三十年（1765）四川总督阿尔泰进青城芽茶一百瓶，乾隆四十年（1775）四川总督富勒浑进青城芽茶一百瓶等。

故宫博物院现存的青城芽茶是清晚期进入宫廷的。茶叶盒为方形铝盒，上有明黄色封签。罐内茶叶满盒，茶叶整体保存完好，体形较小，茶芽均匀。

茶样审评

此茶外形细紧弯曲，色泽棕褐。此茶带嫩茎，匀度稍逊，系采摘精度不足所致。推断实际嫩度尚可，其炒制工艺中似有额外的筛分精制处理，致使茶条形态与茶芽相仿，乃名"芽茶"。

附：陪茶

灌县（今四川省都江堰市）青城山亦贡陪茶，为芽茶次一品级。

光绪《增修灌县志》记载："于立夏前五日，僧道等将茶办齐，运赴县署，自行拣选。三日，贡茶、陪茶，用锡瓶肆个，敬盛装贮。于立夏前一日，派拨内司差役，解赴布政司贡房投验，余茶赍送各大宪辕下。"

附录贡茶

康熙十三年布政司札饬县属青城山天师洞三十五庵僧道等每年采办青城芽茶捌百斤内拣顶好贡茶陆拾斤陪茶陆拾斤官茶陆百捌拾斤道光四年奉文裁减壹百斤每年采办青城芽茶柒百斤内拣顶好贡茶贰拾斤陪茶贰拾斤官茶陆百陆拾斤每勍给茶价钱壹百文於立夏前五日僧道等将

《增修灌县志·茶法》

青城芽茶

26. 灌县细茶

<u>茶叶罐　长 24.5 厘米　宽 16.5 厘米</u>

<u>高 30 厘米</u>

<u>清光绪　故宫博物院藏</u>

　　灌县细茶产自原四川成都府灌县（今四川省都江堰市）。灌县是四川著名的产茶区，境内的青城山出产青城芽茶等贡茶品类。灌县细茶产自灌县境内，具体的产地尚待考证。此茶叶为方形锡罐包装，上明黄色签封口，正面贴"灌县细茶"的黄签，边有"光绪三十四年（1908）十月初五日四川总督赵尔巽进"黄条。罐内茶叶满，茶芽细嫩均匀。

茶样审评

　　此茶条索细紧弯曲，多毫显芽，色泽棕褐，稍带嫩茎。匀净。

文献参考

　　光绪《增修灌县志》记载："《寰宇记》：茶生益州，凌冬不萎。三月采、干，饮之，令人不睡。"

灌縣細茶

進 光緒三十四年十月初五日四川總督趙爾巽

27. 邛州茶砖

长 12 厘米　宽 8.5 厘米　厚 1 厘米

清　故宫博物院藏

邛州茶砖产自原四川邛州直隶州（今四川省邛崃市）。嘉庆年间修订的《邛州直隶州志》载："邛州贡茶，造茶为饼，二两，印龙凤形于上，饰以金箔，每八饼为一斤，入贡，俗名砖茶。"从现存的文物上看，茶砖与文献记载的一致。茶砖外为明黄色纸包装，上印有龙凤纹、海水江崖纹等，中间有"邛州茶砖"的字标。包装保存完好，从缝隙中我们可以看出，茶砖紧压，茶叶均匀。

茶样审评

茶砖外包黄色皮纸，正上饰狮首，其下长方竖框内印"邛州砖茶"四字，两侧配凤凰、正下为海波红日图等红色图案。

文献参考

《邛州直隶州志》记载："邛州贡茶，造茶为饼，二两，印龙凤形于上，饰以金箔，每八饼为一斤，入贡，俗名砖茶。"

清代刘源长辑《茶史》载："火井、思安：产邛州。"

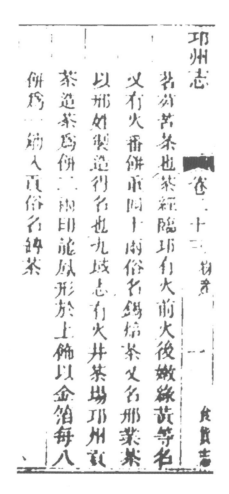

28. 观音茶

盒　长 32.5 厘米　宽 9 厘米　高 24 厘米

茶叶罐　长 11.5 厘米　宽 4 厘米

高 10.5 厘米

清　故宫博物院藏

观音茶产自四川蒙顶山，一说出自原四川雅州府荥经县（今四川省雅安市荥经县）。清代只有五种贡茶的包装为银质，分别是仙茶、陪茶、菱角湾茶、春茗茶和观音茶。观音茶的外包装与其他四类茶叶基本相似，外为黄色木盒，上有提手，正面有"观音茶"标识。匣内红色衬布，有茶叶罐二。茶叶罐为长方形，顶盖平，可抽拉，上有明黄色封签，上有"观音茶"标识。

茶样审评

银盒，外包装的封签黄纸的制式与仙茶相仿。其他地区未见类似封签。

文献参考

观音茶暂未详其名称由来及产地，疑为雅州府荥经县所产，待考。清代吴振棫《养吉斋丛录》卷二十四记载："四川督年贡进：……仙茶二银瓶、陪茶二银瓶、菱角湾茶二银瓶、春茗茶二银瓶、观音茶二银瓶、名山茶二锡瓶、青城芽茶十锡瓶、砖茶一百块、锅焙茶九包。"

四川督年贡进
黄芨香一千枝红藏香一千枝唵叭香三匣吉香三匣仙
茶二银瓶陪茶二银瓶菱角湾茶二银瓶春茗茶二银瓶观
音茶二银瓶名山茶二锡瓶青城芽茶十锡瓶砖茶一百块
锅焙茶九包百合粉三匣荸荠粉三匣藕粉三匣香菰一箱
丁香菌一箱名山笋尖一箱

29. 名山茶

<u>茶叶罐　高18厘米　底径5厘米</u>

<u>口径4.5厘米</u>

<u>清　故宫博物院藏</u>

　　名山茶产自原四川雅州府名山县（今四川省雅安市名山区）。名山县境内的蒙顶山为中国著名产茶名山，其所产茶叶为历代所推崇。清代，名山茶与产自蒙顶山的其他类名茶作为贡品进贡到宫廷。如乾隆五十五年（1790），四川总督孙士毅进名山茶十八瓶。

　　故宫博物院现藏的名山茶文物为圆形锡盒包装，茶叶满盒，茶叶微卷，茶芽均匀。

茶样审评

　　此茶外形紧实弯曲，色泽灰棕。原料有一定成熟度，但匀整度良好。

文献参考

　　乾隆《四川通志》记载："元丰四年，仍诏专以雅州名山茶为易马用。"光绪《名山县志》记载："陆羽《茶经》谓剑南以雅州百丈山、名山、泸州为下。《寰宇记》引《茶谱》云：雅州百丈、名山二者为佳。"

30. 春茗茶

茶叶盒　长 30 厘米　宽 13 厘米

高 29 厘米

茶叶罐　长 9 厘米　宽 9 厘米

高 15.5 厘米

清　故宫博物院藏

　　春茗茶产自原四川雅州府名山县（今四川省雅安市名山区）蒙顶山。从故宫博物院现存的春茗茶实物上看，包装与仙茶等基本相同。外为黄色带提手木盒，正面有"春茗茶"标识。匣内黄色衬布，有茶叶罐二。茶叶罐为梯形，上宽下窄，上有明黄色封签，签上有"春茗茶"标识。

　　文献参考

　　春茗茶亦为四川所贡，清代吴振棫《养吉斋丛录》记载："四川督年贡进：……仙茶二银瓶、陪茶二银瓶、菱角湾茶二银瓶、春茗茶二银瓶、观音茶二银瓶、名山茶二锡瓶、青城芽茶十锡瓶、砖茶一百块、锅焙茶九包。"

四川督年贡进

黄筏香一千枝红藏香一千枝庵叭香三匣吉吉香三匣仙茶二银瓶陪茶二银瓶菱角湾茶二银瓶春茗茶二银瓶观音茶二银瓶名山茶二锡瓶谊城芽茶十锡瓶砖茶一百块锅焙茶九包百合粉三匣荸荠粉三匣藕粉三匣香蕈一箱丁香菌一箱名山笋尖一箱

第十章 云南

  云南僻处西南边陲，远离中原，宋代尚为大理国，内附较晚。其设行省始于元朝，贡茶时间亦晚于其他行省。如清代檀萃《滇海虞衡志》称："尝疑普茶不知显自何时。宋自南渡后，于桂林之静江军，以茶易西蕃之马，是谓滇南无茶也。故范公志桂林，自以司马政，而不言西蕃之有茶。"

  按古籍记载，其实早在唐代，西蕃人即已饮用普洱茶。唯因地理悬隔，宋代之前，普洱茶之名尚不为中原所知。如檀萃《滇海虞衡志》引李石《续博物志》云："茶出银生诸山，采无时，杂椒姜烹而饮之。普洱古属银生府，则西蕃之用普洱已自唐时。宋人不知，犹于桂林以茶易马，宜滇马之不出也。"

  嘉庆年间，檀萃《滇海虞衡志》则载："普茶名重于天下，此滇之所以为产，而资利赖者也。"道光年间，阮福《普洱茶记》亦曰："普洱茶名遍天下，味最酽，京师尤重之。"不过数十年间，普洱已然名重京师，可谓今非昔比，不可同日而语。

  光绪《普洱府志稿·食货志》称："普洱物产丰饶，盐茶榷税之利，甲于滇南。"则光绪之时，普洱已为云南之重要产茶区域矣。

  普洱茶主要产区为六茶山，如乾隆《云南通志》

记载："攸乐六茶山：曰攸乐，即今同知治所，其东北二百二十里曰莽芝，二百六十里曰革登，三百四十里曰蛮砖，三百六十五里曰倚邦，五百二十里曰漫撒。山势连属，复岭层峦，皆多茶树。"

按清代行政区域，六茶山实属思茅厅辖区。如阮福《普洱茶记》："以所属普洱等处六大茶山纳地，设普洱，亦设分防思茅同知，驻思茅。思茅离府治一百二十里，所谓普洱茶者，非普洱府界内所产，盖产于府属之思茅厅界也。厅治有茶山六处，曰倚邦，曰架布，曰嶍崆，曰蛮砖，曰革登，曰易武，与《通志》所载之名互异。"

明代以前，士人对普洱茶品评不甚佳妙。如谢肇淛《滇略》称："滇苦无茗，非其地不产也，土人不得采取制造之方，即成而不知烹瀹之节，犹无茗也。昆明之泰华，其雷声初动者，色香不下松萝，但揉不匀细耳。点苍感通寺之产过之，值亦不廉。士庶所用，皆普茶也。蒸而成团，瀹作草气，差胜饮水耳。"

按《养吉斋丛录》载，道光年间，云贵总督端阳贡单，有"普洱大茶五十元、普洱中茶一百元、普洱小茶一百元、普洱女茶一百元、普洱珠茶一百元、普洱芽茶三十瓶、普洱蕊茶三十瓶、黄缎茶膏三十匣"等，凡

雲貴督端陽進

普洱大茶五十元普洱中茶一百元普洱小茶一百元普洱

女茶一百元普洱珠茶一百元普洱芽茶三十瓶普洱蕊茶

三十瓶黃緞茶膏三十匣象牙一對茯苓四元硃砂二匣雄

精二匣

陝甘督端陽進

八种茶。

而道光时人阮福《普洱茶记》亦载："每年备贡者，五斤重团茶，三斤重团茶，一斤重团茶，四两重团茶，一两五钱重团茶，又瓶盛芽茶、蕊茶，匣盛茶膏，共八色。思茅同知领银承办。"亦为八色，且芽茶、蕊茶皆用瓶盛，茶膏亦用匣盛，与《养吉斋丛录》所载完全吻合。

31. 普洱蕊茶

茶叶罐　长 7 厘米　宽 7 厘米

高 10 厘米

清　故宫博物院藏

中国茶叶名称中，名为"蕊茶""芽茶"的茶品很多，多指细嫩的茶芽或茶叶。在档案记载中，我们也会看到许多"蕊茶"或"芽茶"的记载。在故宫博物院茶叶文物序列中，与这件蕊茶相似的文物共有五件，名称都是"蕊茶"。我们对盒内茶叶进行比对，可以认定这种蕊茶为普洱茶，产自云南普洱府思茅厅（今云南省普洱市思茅区）。在文献档案中，清代进贡的八类普洱茶中就有"普洱蕊茶"这一类。因此，可以确定，这就是普洱蕊茶。

茶叶罐为锡制，顶盖上有黄色封签，签上有"蕊茶"字样。内茶叶满罐，茶叶较长，粗细均匀。

茶样审评

此茶为大叶种产品，茶芽肥壮略曲，披毫，叶张尚卷，色泽黄、棕、褐相间，一芽一叶嫩度水平，茶叶洁净，具有典型的晒青茶形态特征。从茶叶可推知，该地区同类产品百年来形态风格基本一致。

32. 普洱茶膏

盒　长 17.5 厘米　宽 10.5 厘米

高 3 厘米

清　故宫博物院藏

　　故宫博物院现存的清代普洱茶膏文物共有两种。一种是每盒有 3 层，每层 7 行，每行 4 个，每盒共计 84 块，这是较小的一种。另一种每盒有 4 层，每层 6 行，每行 6 个，每盒共计 144 块。虽然盒有所区别，但普洱茶膏的大小是一样的。

　　故宫博物院所藏的普洱茶膏，色泽如漆，膏体平滑细腻，表面富有光泽。造型上呈四方倭角形，上表面中心为团寿字，四角隅以蝙蝠纹装饰，图案布局疏密均匀，花纹规整，纹样呈阳文，与茶膏表面形成鲜明的凸凹对比。普洱茶膏在包装上也颇为讲究，以长方形纸盒为主体，外包明黄色缎子，盒盖正面印有红色正龙纹，盒内茶膏上下叠落排列，每行以云南当地所产的笋衣为材质，加工成长方条于每层茶膏下做间隔，用于防潮加固，再以长条从纵向做间隔，以防止茶膏相互碰撞。茶膏上面附黄绫说明书，盖上盒盖，将别子插入孔内，与说明书共同呈

横向拉力的作用，从而能进一步固定茶膏。如此细致的包装保证了普洱茶膏到达宫廷的时候还是完整的，不至于破碎。

　　从普洱茶膏上装饰的明黄色和龙纹等图案来看，这些茶膏应该是专供宫廷使用的。除了茶膏外表本身与众不同之外，其功能也有独到之处，现存实物上所附的黄单是从《本草纲目拾遗》中摘抄下来的，不妨抄录于下："延年益寿，如肚胀，受寒，用姜汤发散出汗即愈。口破，喉颡，受热疼痛，用五分噙口，过夜即愈，受暑，擦破皮血者，搽研敷之即愈。"或者是："能治百病，如肚胀，受寒，用姜汤发散出汗即愈。口破，喉颡，受热疼痛，用五分噙口，过夜即愈。受暑，擦破皮血者，搽研敷之即愈。"两种描述基本相同，只是第一句"延年益寿"和"能治百病"的区别。由此可见，普洱茶膏不仅是一种很好的饮品，更是一种养生良药。

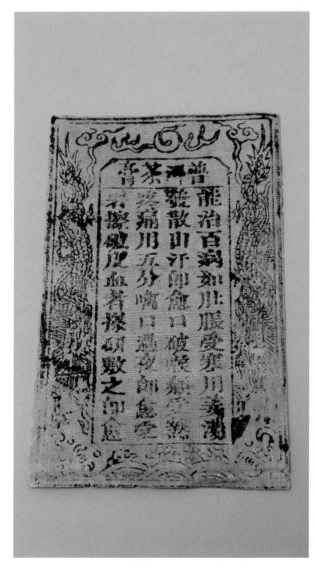

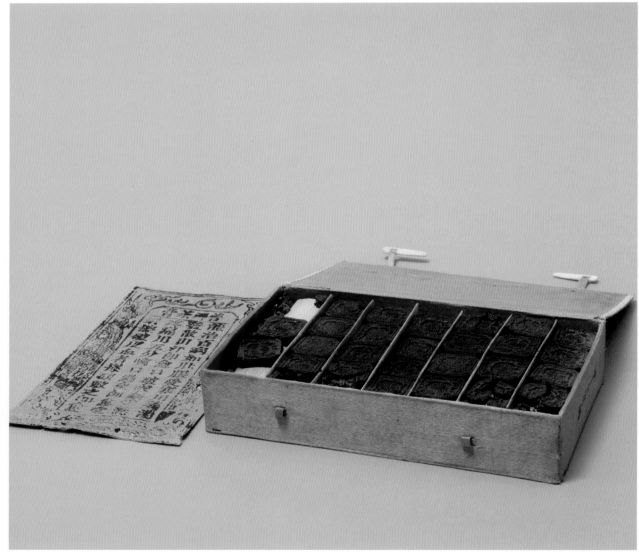

33. 普洱团茶

（含最大型、次大型、中型等六种）

（1）最大型普洱茶团

高 16 厘米　直径 20 厘米　重 2.5 千克

清　故宫博物院藏

普洱茶产自云南省普洱地区的六大茶山。清代普洱茶进贡的品种，按照阮福的《普洱茶记》记载："每年备贡者，五斤重团茶，三斤重团茶，一斤重团茶，四两重团茶，一两五钱重团茶，又瓶盛芽茶、蕊茶，匣盛茶膏，共八色。思茅同知领银承办。"这是每年土贡的常例。同时结合档案可以看出，官员进贡的普洱茶品主要也是这八种，即"普洱大茶、普洱中茶、普洱小茶、普洱女茶、普洱芽茶、普洱蕊茶、普洱蕊珠茶和普洱茶膏"。所以不论是土贡还是官员日常进贡，进贡的茶叶品类都是这八种。从档案记载来看，清代普洱贡茶从雍正七年（1729）开始进贡直到清末，其茶品都没有发生大的变化。故宫博物院现藏有清代宫廷的普洱茶文物遗存一百多件，有团茶、茶饼、茶膏等，其中有各类团茶几十件。

从重量上看，该茶团就是档案记载的五斤重团茶，这也是普洱贡茶中体积最大的一类。此普洱团茶外形呈圆形，茶叶紧压，外层茶叶条理清晰可见，上有金色斑点，这也是民间所谓金瓜贡茶的来历。茶叶外为竹箬叶包装，用黄色丝线绳扎捆。

（2）次大型普洱茶团

高 15 厘米　直径 18 厘米　重 1.6 千克

清　故宫博物院藏

　　次大型普洱茶团即档案中记载的普
洱中茶，即三斤重团茶。我们对其称重
后发现连外包装共重 1.6 千克，为三斤重
团茶无疑。其制作工艺与其他类团茶无
差别，外呈圆形，茶叶紧压。

（3）中型普洱茶团

长 50 厘米　直径 11 厘米　重 3.2 千克

清　故宫博物院藏

　　中型普洱茶团即档案中记载的普洱小茶，即一斤重团茶。称重后，连外包共重 3.2 千克，除去外包装，每件普洱茶团的重量约为 0.5 千克，从重量上看，就是档案记载的一斤重团茶，也就是普洱小茶。此种普洱茶团呈圆形，每五件为一组，外为竹笋叶包装。

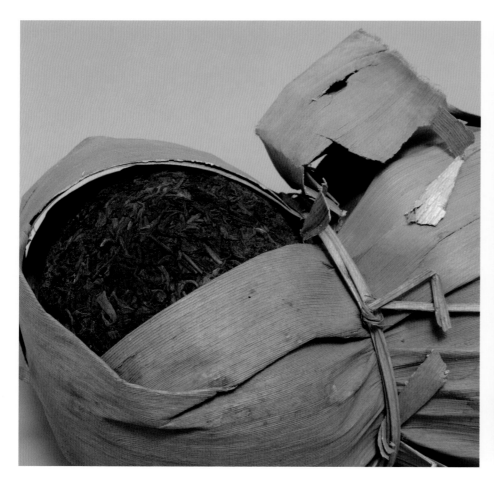 

（4）小型普洱茶团

长 42 厘米　直径 7.5 厘米　重 0.65 千克

清　故宫博物院藏

　　小型普洱茶团即一两五钱重团茶，也就是档案中所说的普洱珠茶。该团茶十件为一组，连竹笋叶外包装共重 0.65 千克，平均每件团茶的重量为 0.065 千克，考虑到长时间自然条件下重量的变化，这与档案中记载的一两五钱重的普洱团茶基本是吻合的。在茶叶上贴有故宫文物清点时清查的"茶字 29 号小团普洱茶十九团共重二斤"的贴签。

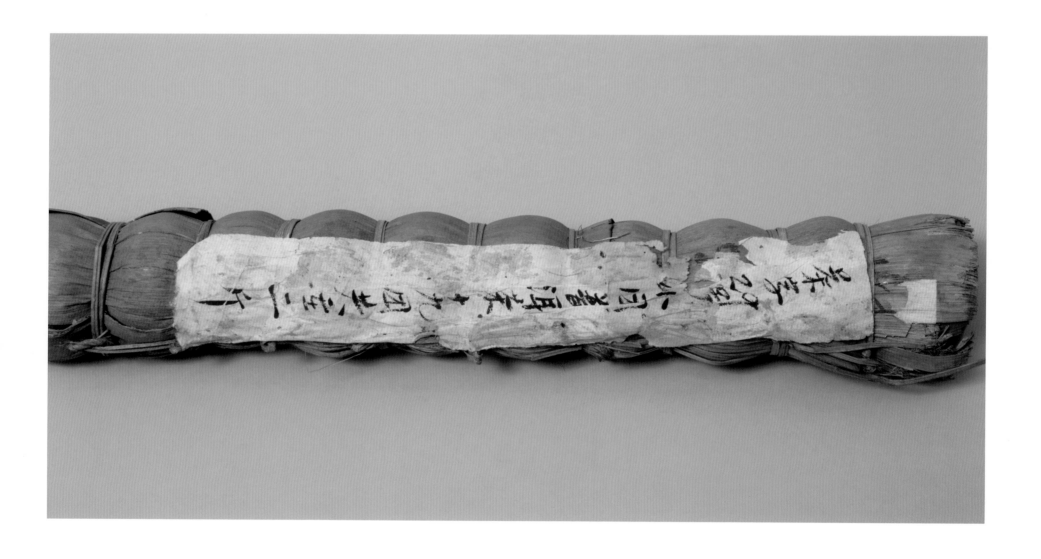

（5）普洱茶圆饼

高 19 厘米　直径 21 厘米　重 2.5 千克

清　故宫博物院藏

　　普洱茶圆饼，一组共七件，也就是人们俗称的"七子饼"。普洱茶饼在清晚期的进贡单中才偶有出现，是较晚进入宫廷的普洱茶品类。该组茶饼，外用竹叶包装，以草绳扎捆，从残破部分可以看出里面每件茶饼都用纸包装，上有红色印记商标。从商标上看，该茶叶应该是清晚期或者小朝廷时期进入宫廷的。

（6）普洱方茶饼

每组长 15.5 厘米　宽 13.5 厘米

高 12.5 厘米　重 1.4 千克

民国　故宫博物院藏

普洱方茶饼，一组五件。外用竹叶包装，以草绳扎捆，从残破部分可以看出里面每件茶饼都用纸包装，内飞中印有防伪印记。"云南普洱茶产于普洱府属之七山，曰易武……刊刷圆形牌印方为真。"在故宫博物院所藏的普洱方茶饼中，文物号为故 173429 的文物，其文物的参考号（《故宫文物点查报告》记载的文物号）为"宿一三一 11"，其木柜第一层为"普洱方茶圆九捆"。我们核对《故宫文物点查报告》可以看出，其原位置为"坤宁宫东暖殿东配殿西暖殿西配殿太医值房迤南等处"，与各类药材放置在一处。

从普洱茶饼上的印记看，"云南普洱茶产于普洱府属之七山"及其他防伪字样的出现，说明这些茶饼应该是逊帝小朝廷时期进入宫廷的。在故宫博物院现存的茶叶文物中，还有一些诸如此类的文物。这些文物均为"故"字号（即清宫旧藏遗存文物），说明是当时宫廷所用。如何看待逊帝小朝廷时期进入宫廷的茶叶，这是我们需要讨论的。一种长时间持续的进贡制度，其所带来的惯性是我们需要考量的。小朝廷时期的许多物品特别是生活必需品依然延续着进贡的传统，每年各地的土特产品依然通过各种渠道大量进入紫禁城，满足宫廷生活的需要。其中很多茶叶就是在这一时期进入紫禁城的，所以我们仍然将其纳入贡茶的范畴，或者可称其为贡茶的余音。

34. 普洱女茶

（次中型普洱茶团）

长 26.5 厘米　直径 8 厘米　重 0.85 千克

清　故宫博物院藏

次中型普洱茶团即四两重团茶，也
就是文献中所记载的普洱女茶。每件普
洱茶团的重量为 0.17 千克，约为三两半，
考虑到茶叶在自然条件下重量的变化。
我们认为就是档案记载的四两重团茶，
即进贡单中的普洱女茶。

此普洱茶团五个为一组，外竹笋叶
包装，包装完整。

文献参考

普洱女茶，载见《思茅志稿》："小
而圆者名女儿茶。女儿茶为妇女所采，
于雨前得之，即四两重团茶也。"可知
女儿茶为四两重之团茶。

第十一章　浙江

概述

　　浙江自古为茶叶大省，据清代洪亮吉《乾隆府厅州县图志》载，浙江全省府州厅，贡茶之府州，有杭州府、湖州府、绍兴府、台州府、衢州府、严州府、温州府、处州府等，凡八府；非贡茶州府，有嘉兴府、宁波府、金华府等，凡三府。

　　浙江进贡历史悠久，如乾隆《浙江通志》记载："顾渚山（即茶山）《方舆胜览》：茶山在长兴县西，产紫笋茶。万历《湖州府志》：山在县西北四十七里，西达宜兴。吴夫概顾其渚宜茶，后其产果然，乃充贡。下有贡茶院。"

　　浙江贡茶，盛于唐朝。清代刘源长辑《茶史》记载："《茶经》云：浙西以顾渚茶为上。唐时充贡，岁清明日抵京。紫者上，绿者次，笋者上，芽者次，故称紫笋。"浙江对茶学贡献独到。众所周知，茶圣陆羽曾长期居住于浙江湖州苕溪，并在此完成著作《茶经》，传世不朽。自此茶学方始自成体系，蔚为大观。而浙江亦名茶代出，长盛不衰，影响非殊浅泛。

　　浙江茶叶佳品极多，享有盛誉。如前所述，唐代之时，湖州长兴之顾渚紫笋即已名满天下。而后世浙江各州府茶叶勃兴，不一而足，交相争胜，蔚为壮观。诚如《茶史》所称："两浙诸山，产茶最多。如天台之雁荡，括苍之大盘，东旸之金华，绍兴之日铸，钱塘之天竺、灵隐，临安之径山、天目，皆表表有名。"

　　比至清代，龙井茶异军突起，后来居上。康熙帝与乾隆帝均曾六下江南，乾隆帝有数十首龙井茶诗存世。

35. 龙井茶

匣　长21厘米　宽20.5厘米　高10.5厘米

茶叶罐　长6.8厘米　宽4.7厘米

高9.5厘米

清　故宫博物院藏

龙井茶产自浙江杭州府钱塘县（今浙江省杭州市西湖区），谷雨前采摘制作。是我国著名的茶叶品类之一。清代，龙井茶作为重要的贡茶品类很受宫廷的重视，每年都会有大量的龙井茶进贡，乾隆帝也有数十首关于龙井茶的诗歌存世。

从故宫博物院现存的龙井茶实物上看，包装非常讲究。雨前龙井外包以楠木匣，匣内用木板置于中间一分为二成两格，内放两小桶雨前龙井茶，桶盖上附加贴红纸凹槽板，用来增加包装效果，匣盖面有绿色"雨前龙井"的标识。龙井芽茶以锡罐盛装，外敷有黄色纸封，是专为进贡而制作的包装。现存的龙井茶文物，茶叶细小单薄，应该是取自茶叶的嫩芽制成。

茶样审评

茶条形扁较直，带芽，含褶皱片、嫩茎，色泽黄褐较匀，已呈现扁形炒青茶特征，唯做型工艺水平不及当今，外形特征相较现代尚有差异。

文献参考

乾隆《雨前茶》诗自注云："龙井茶以谷雨前摘取者为佳。"

民国《杭州府志》记载："龙井茶：武林诸泉，惟龙泓入品。其地产茶，为南北山绝品。（《煮茶小品》）"

民国《杭州府志》记载："龙井茶不过数十亩，外此有茶，皆不及。（《广群芳谱》引《茶笺》）"

民国《杭州府志》亦曰："龙井茶与香林、宝云、石人坞者绝异，采于谷雨前者尤佳。啜之淡然，似乎无味。过后有一种太和之气，弥纶齿颊之间，此无穷之味，乃至味也。其贵如珍，不可多得。（《湖壖杂记》）"

关于龙井茶香味，志书亦有记载，如光绪《钱塘县志》记载："茶：出老龙井者，作豆花香，色青，味甘，与他山异。"

至于龙井茶正宗产地，则当为明清人所谓"老龙井"地方。秦观《龙井记》云："龙井，旧名龙泓，距钱塘十里。吴赤乌中，方士葛洪尝炼丹于此，事见《图记》。其地当西湖之西，浙江之北，风篁岭之上，实深山乱石中之泉也。"

而《西湖游览志》云："老龙井有水一泓，寒碧异常。其地产茶，为两山绝品。《郡志》称宝云、香林、白云诸茶，乃在灵竺、葛岭之间，未若龙井之清馥隽永也。"

明代之时，龙井因产区所限，产量极低，杭人亦难得一饮，故多赝品。如《茶乘》所载："龙井之山不过十数亩，外此有茶，皆不及也。即杭人识龙井味者亦少，以乱真多耳。"

而明代冯梦祯《快雪堂集》亦载："昨同徐茂吴至老龙井买茶，山民十数家各出茶，茂吴以次点试，皆以为赝。曰：真者甘香而不冽，稍冽便为诸山赝品。得一二两，以为真物，试之，果甘香若兰，而山人及寺僧反以茂吴为非，吾亦不能置辨，伪物乱真如此。"冯梦祯身为浙江秀水人，官至南京国子监祭酒，同时住在杭州孤山，尚且为老龙井茶农所欺，则其余平民不问可知。

36. 灵山茗茶

茶叶罐　长8.8厘米　宽3.8厘米

高11厘米

清　故宫博物院藏

灵山茗茶产自浙江宁波府象山县普陀山（今浙江省舟山市普陀区）。该茶叶罐为方形锡制茶叶罐，上贴有红色标签，上有"南□□□山，紫竹灵山 福寿茗茶"字样。罐内茶叶满，茶叶微卷，细嫩均匀。

茶样审评

此茶属绿茶炒青类产品。茶叶揉捻程度较高，外形紧结卷曲，呈灰棕褐色，叶片略粗老，偶见花蒂，含嫩茎，匀整度欠佳，应是采制时嫩度要求不高。当前市场依然有普陀佛茶品种，外形卷曲，受限于茶园面积，产量不大，但嫩度水平有极大提高。

文献参考

灵山茗茶文献记载不详，鲜有可供考据者。兹经综合考案，灵山茗茶当为浙江宁波府所产，举证如下：

按故宫所藏贡茶锡瓶，其标签上有"紫竹灵山"四字，紫竹为南海补陀落伽山所产。如《浙江通志》载："绍兴中，四明有巨商，泛海阻风，抵一山下，因登绝顶，有梵宫焉。窗外竹数个，枝叶如丹。求得一二竿，截之为杖，每以刀铍削，随刃有光。至一国，有老叟曰：君亲至补陀落迦山，此观音坐后旃檀林紫竹也。"可证紫竹正系宁波府补陀落迦山特产。补陀即普陀，为其梵音之初始译名。

紫竹即紫竹林，为佛教南海观音菩萨普陀山道场之首要特征，如《浙江通志》："（康熙）《南海补陀法雨寺碑文》：坐青莲之宝像，圆满轮辉；艺紫竹于祇林，庄严毫相。"而紫竹林至今仍为普陀山著名景区。

又灵山为佛教名山之通用泛称，自亦可用于普陀山。如雍正帝御撰《普陀普济寺碑文》："用为斯记，镌诸翠珉，以志灵山之胜概。"

另外，普陀山出产茶叶，且品质颇佳。乾隆《浙江通志》载：《象山县志》：郑行山产佳茗，珠山更多。"

"珠山"为"舟山"旧名，清代属象山县，普陀山即在其岛上。据道光《象山县志》载："茶，珠山尤佳。（吴志）"正与乾隆通志所载相近。

而《浙江通志》载："普陀山者，枝叶如丹。求得一二竿，截之为杖，每以刀铍削，随刃有光。至一国，有老叟曰：君亲至补陀落迦山，此观音坐后旃檀林紫竹也。"可证紫竹正系宁波府补陀落迦山特产。补陀即普陀，为其梵音之初始译名。

可愈肺痈血痢，然亦不甚多得。"

则普陀山所产之茶，尤显珍异，进贡于朝，亦属情理之常。

最后，贡茶锡瓶标签上横排有五字，虽略有漫漶剥落，而"南海普陀山"隐然可见。

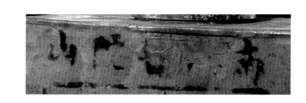

37. 人参茶膏

罐 高 10.5 厘米 底径 5 厘米 口径 5 厘米

清 故宫博物院藏

　　人参茶膏和桂花茶膏均是由浙江地方官进贡到宫廷的，按"任土作贡"的原则，其产地应为浙江。

　　茶膏是茶叶的再生加工产品。清代宫廷茶膏，除常见的普洱茶膏外，还有人参茶膏、桂花茶膏等几类，人参茶膏是指在加工过程中加入了人参制成的茶膏，桂花茶膏即在加工过程中加入了桂花。

　　此人参茶膏为瓷罐包装，外以黄绢包裹，上有"人参茶膏"的标识。罐内茶膏呈长方形，每块长约 2.5 厘米，宽约 0.5 厘米，上印有"人参膏"的标识。从茶膏使用的茶叶类型上看，它应该为黑茶类茶叶。

茶样审评

　　人参茶膏具中药"膏"的典型特征，历史上产自云南普洱府居多，大叶种茶叶内容物质含量丰富，有茶膏制作优势。茶膏与中药存在关联度，但传统药理中，人参与茶共享存在臧否问题。

第十二章 产区待定

概述

　　上述各省贡茶之外，尚有个别茶样产区待定。兹分述如下。

38. 金兰茶

茶叶罐　长 21 厘米　宽 7.5 厘米

高 27 厘米

清　故宫博物院藏

　　此金兰茶为炒青绿茶，产地还有待考证。茶叶罐为锡制长方形，里面茶叶半盒，茶芽微卷，均匀细嫩，应该是头春采摘的茶芽。

茶样审评

　　金兰茶产地待考。外形紧实弯曲，色泽灰棕，匀度良好。从锡罐包装的样式和茶叶的外部形态、嫩度和匀度看，该茶与安远细茶相仿，似同样出自江西赣州。

39. 大凸花茶

茶样审评

大凸花茶（包装）产地待考。属经揉捻烘青类绿茶，茶条弯曲，紧实多芽，茸毫满布，色泽棕红，嫩度优良，匀整度稍有不足。产地可能是江西、福建、浙江，待考。

40. 小凸花茶（2种）

<u>其一</u>

茶样审评
小凸花茶茶样类同大凸花。

40. 小凸花茶（2种）

<u>其二</u>

茶样审评

小凸花茶茶样类同大凸花。

41. 小阴纹茶

茶样审评

小阴纹茶似产自福建闽东地区（今
福建省福鼎市附近）。烘青类绿茶，常
用作茉莉花茶的绿茶坯。茶芽肥嫩，色
棕披毫，碎末较多，疑似存储过程所致。

42. 内素茶

茶样审评

内素茶产地待考。炒青类工艺绿茶。条索紧实弯曲，色泽棕褐，尚匀，带茎梗。

43. 鹤茶

茶样审评

鹤茶疑产自福建武夷山之外山（今福建省武夷山周围地区）。盛装容器具福建锡罐特征，茶样应出自福建。根据文献记录，疑为武夷外山头春洲茶原料，制作采用烘焙工艺。茶叶以单芽加工，满披银毫，色泽棕褐相间。依照采制工艺，芽叶完整度本应良好，但现在有碎末较多现象，原因可能有二：一是该茶为嫩芽茶，存放时间长后易碎；二是该茶为烘焙茶，容易在后期的运输、分装、储存过程中破碎。

44. 八仙茶

茶样审评

八仙茶产地待考。盛装容器制作精美，具福建锡罐特征，以"八仙"题材命名。此茶全部由茶芽加工。外形肥嫩，茸毫满披，色泽橙红，茶芽色泽乌褐，隐于毫下。此茶特征极为鲜明，原初状况有待进一步研究。

后记一
茶产业的发展需要对传统的继承

张朝斌

从事茶叶国际贸易、生产研发及运营管理多年，我曾探访世界多个产茶地区和国家，如肯尼亚、斯里兰卡、印度、越南等国，与非洲多国、俄罗斯和美洲国家等都有茶叶贸易往来，与这些国家的茶叶相关政府部门和企业界人士也多有交流。对方一方面持有对中国作为历史悠久茶叶大国的尊重，另一方面也对众多的中国茶品种表示困惑，不知该如何区分、如何评判。我们在国内传统茶叶市场，包括在对新兴调饮茶市场的运营服务过程中，也遇到很多类似的困惑。

中国是世界公认的茶树发源地，有众多的产茶区，有上千种各具特色的地方茶品种、茶产品，可是却很少有人能够说清楚一款来自某个地方的特色品种茶、成品茶到底该是什么样子，到底该是什么味道。又比如中国茶依照加工工艺区分的绿茶、白茶、黄茶、乌龙茶、红茶、黑茶、茉莉花茶等，到底是从什么时候开始出现的？某款传统地方名茶，它在历史上到底是用什么品种、什么工艺做的？正宗的传统加工工艺赋予该款茶叶成品的香气、滋味等特征到底

是什么？

由于文献记录的缺失和不精准，造成上述以及其他很多存在于中国茶产业历史发展进程中的不确定问题。这使得我们的茶叶生产者和消费者，甚至包括不少茶叶科学与茶文化的研究者，都很难对传统茶叶品种的特征与传统工艺特征形成统一的标准和共识，造成大量的茶产业从业人员，不清楚本地区本地传承了上百年甚至上千年的茶到底该是什么样子，该用什么品种和加工工艺，该是什么香气和滋味。

没有这些来源于传统的标准和共识，市场上出现很多追求短期利益的扭曲信息，对广大茶业从业人员产生不良影响，让他们做出令人痛心却又无法弥补的行为。比如挖掉已经在本地水土生长了几生几世的传统老品种，改种一些来自外省外地的受市场热捧的品种；比如改变传统的制作工艺，省掉可能会比较耗时耗工的传统工序，片面追求成品茶好看、产量高，在这些既不符合传统要求又不符合科学方法的折腾中，导致本地优秀传统品种的形状、香气乃至味道丢失殆尽，甚至某些传承了数百年的优秀

传统茶树品种永远地消失了，优秀的传统工艺不再有人记得。这些情况，让人痛心。

一直希望能有一部较为权威的书籍，能够帮助我们茶行业从业人员和广大消费者正本清源，了解中国优秀茶叶品类的历史、文化以及真实的传统工艺，我和好朋友李飞先生为此进行过多次认真的探讨。李飞先生多年从事茶叶审评和生态庄园茶的建设和生产实践，对传统茶叶及茶文化都有很深入的研究。

我们的倡议有幸得到故宫博物院原常务副院长王亚民先生、原副院长陈丽华女士的认可，以及故宫博物院宫廷部严勇主任、郭福祥副主任、万秀锋研究员等专家的支持。在诸位故宫文化、文物研究专家与我和李飞先生邀请的刘栩先生、陈兴武先生、徐青子女士、王晓杰先生等茶业专家的共同努力下，

这本《故宫贡茶图典》得以成书。这无疑是当代中国茶产业与茶文化的盛典，能参与其中，我个人倍感荣幸，也心怀感恩。

《故宫贡茶图典》对故宫博物院藏清代贡茶、茶具等文物的整理和研究，对历史中成为宫廷贡茶的一批中国传统茶品种进行了较为系统的发掘和研究，展示了贡茶的茶叶及包装原貌，列举了对应该茶品的宫廷档案记录和检索到的地方文献内容，邀请国内优秀的茶叶审评专家对贡茶进行了专业的品质审评，汇总、概括了该产品所在地区和省份茶产业和茶文化的历史和现状。

相信本书会对中华传统茶文化和中国茶产业的传承与发展起到正本清源、启发后来者的良好作用。它的价值也一定会越来越为更多热爱中华传统茶文化以及关心、从事中国茶产业的朋友们所认可。

2021 年 12 月 10 日
于福建康正隆庆茶文化

后记二
故宫贡茶文物与现代茶叶品质审评的创新结合实践

李飞

　　多年以来，我一直从事茶叶品质审评、生态庄园茶建设以及现代农林产业生态模式的探索与实践，对中国历史上茶叶品种的分布、种植、培育、加工工艺、品质特点和中国茶文化有着浓厚的兴趣，也曾经多方搜集资料，希望有机会做较为系统的研究。故宫博物院所藏清代贡茶实物，中国第一历史档案馆所藏地方贡品贡单等档案，以及各地方志关于地方特产风物的记载，还有历代茶界前辈撰写的相关书籍，是研究中国茶叶生产、使用及发展历史最为珍贵的资料。但是，在研究中我们会发现，由于历史跨度大，各地茶叶品种、产地、加工工艺乃至茶叶的名称都有不小的改变，仅从资料研究入手，很难具体判定一款流传至今的故宫贡茶实物真正的品类、品级和加工工艺。而通过应用现代茶叶品质感官审评的技术手段，目测贡茶实物样品，对其进行条索形态、原料级别、整碎状态、加工工艺的分析与推断，根据贡茶实物相关特点，与宫廷档案、方志文献、茶书资料等记载内容进行对照分析，确认其品类、产地和

加工工艺等重要信息，对于厘清中国茶叶的种植史、加工工艺和茶业发展史，有着重要的意义和价值。

　　我的朋友张朝斌先生，多年来从事茶叶国际贸易、生产研发及茶叶流通领域的管理工作。他自小浸润茶香，生长于茶业历史深厚的闽北南平，是有着浓厚桑梓情怀的福建人，一直希望有机会能够梳理贡茶历史，特别是福建地区及各地茶叶生产与清宫的交流史，为地方茶产业发展做出贡献。经过多次讨论，张朝斌先生和我一致认为通过资料整理和实物审评的方式，梳理故宫贡茶的历史，厘清其品类、工艺，是对中国传统茶文化的继承，也是对中国现代茶产业的文化赋能推动，有其重要的价值和意义。我们的倡议，非常有幸得到故宫博物院原常务副院长王亚民先生、原副院长陈丽华女士的认可，以及故宫博物院宫廷部严勇主任、郭福祥副主任、万秀锋研究员等专家的支持，诸位文化、文物研究专家与茶业专家共同组成工作组，开始了这一课题的研究。故宫博物院诸位领导与专家负责贡茶历史、茶器历史、

文物概述等工作，我负责组织茶业界专家承担各省茶业概述、贡茶实物样品审评与地方文献考述工作，最终由故宫专家统一修改定稿。非常有幸与茶叶感官审评优秀专家刘栩先生一起工作，对从未系统地向世人展示过的故宫贡茶实物样品进行逐一审评并出具审评意见；文献研究专家陈兴武先生对相关贡茶进行了详尽的历史典籍、地方文献考述，不少典籍、地方志记载的贡茶资料是首次被挖掘出来；茶文化研究学者徐青子女士编写了各省茶业古今概述，并从茶文化研究的角度对贡茶实物样品提供了很多有价值的意见；王晓杰先生从茶叶国际贸易的角度提供了不少很有价值的建议。故宫出版社徐海先生、章丹露女士担任本书的责任编辑，在图书结构、资料整理、编辑排版方面，提供了宝贵的意见。

故宫贡茶文物作为一种特殊的可食用有机质文物，能够历经一两百年保留至今，本身就具备极大的幸运因素，我们能够观察、研究这些真正的"老茶"，无疑是人生的一次极其幸运的经历。感谢故宫博物院的领导和各位老师，以开放的胸怀和高瞻远瞩的境界，将以往对文物以历史、文化和学术为主的研究方式进行了拓展，开创性地与现代茶叶科学中的茶叶审评、古今茶产业状况对比相结合，极大地丰富了对贡茶文物的了解广度和研究深度，为中国茶产业对传统的继承和健康发展，提供了确凿无疑的实物研究证据，意义十分重大。

此次结合贡茶实物与文献的评审，取得了很多成果：第一，明确了传统贡茶品种龙井茶、仙茶、碧螺春茶、珠兰茶、武夷花香茶、乌龙茶、云南普洱茶等诸多历史名茶的真实茶品状况，并从茶样特征推断出当时的制作工艺，为茶业从业人员和广大消费者提供了最真实的茶叶历史参考样本，正本清源、破除传说谬误，为中国现代茶产业的健康发展提供传统文化赋能、科技赋能的真实推动力。第二，结合详尽的文献考述，贡茶实物样品审评，以无可辩驳的证据明晰了一些曾经含糊于时间中的茶叶信息，比如贡茶仙茶的采摘就是单片茶叶，贡茶灵山茶的产地在南海普陀山，贡茶珠兰茶就是现代茉莉花茶的前身，武夷山地区的贡茶花香茶制作工艺基本近似现代乌龙茶工艺，而武夷外山的芽叶贡茶制作工艺却近似现代绿茶，人参茶膏实物的存在状态，等等。这些证据无疑将对中国茶产业产生巨大的影响。第三，对贡茶实物样品的品质感官审评，也使得部分已经难以查找到原始记录甚至记录讹误的贡茶实物所包含的真实信息得以再现，比如陈蒙茶反映了宫廷对贡茶的珍惜和保存方式，前人标记为普洱茶的块状茶叶实际为湖南安化紧压黑茶等。

再次感谢所有为本研究课题提供帮助、贡献力量的老师和朋友们，无论是在浩如烟海的文档中查找资料，还是深夜无数次热烈的沟通探讨，无论是埋头撰写文稿，还是小心谨慎的文物观摩，无数点点滴滴的付出，终于汇聚成《故宫贡茶图典》这部书稿。

我相信，集合了诸多创新实践研究成果的《故宫贡茶图典》的面世，是一次提供给国人乃至全世界茶业从业者和爱好者的中国茶文物、茶文化盛宴，也是一次文物、文化研究与现代茶科技结合的优秀案例，它既为中国茶文化的发展梳理了历史和文化的源流，也将为中国茶产业的健康发展提供源源不断的动力。

2021 年 12 月 10 日
于润物堂